普通高等教育“十三五”规划教材

服务外包产教融合系列教材

主编 迟云平 副主编 宁佳英

网站与手机APP原型设计

金 晖 编著

华南理工大学出版社
SOUTH CHINA UNIVERSITY OF TECHNOLOGY PRESS
·广州·

图书在版编目(CIP)数据

网站与手机 APP 原型设计/金晖编著 .—广州：华南理工大学出版社，2017.3(2019.1 重印)
(服务外包产教融合系列教材/迟云平主编)
ISBN 978-7-5623-5188-7

Ⅰ.①网…　Ⅱ.①金…　Ⅲ.①网页制作工具　Ⅳ.①TP393.092.2

中国版本图书馆 CIP 数据核字(2017)第 025471 号

网站与手机 APP 原型设计
金　晖　编著

出 版 人：卢家明
出版发行：华南理工大学出版社
(广州五山华南理工大学 17 号楼，邮编 510640)
http://www.scutpress.com.cn　E-mail:scutc13@scut.edu.cn
营销部电话：020-87113487　87111048（传真）
总 策 划：卢家明　潘宜玲
执行策划：詹志青
责任编辑：朱彩翩
印 刷 者：佛山市浩文彩色印刷有限公司
开　　本：787mm×1092mm　1/16　印张：10.25　字数：247 千
版　　次：2017 年 3 月第 1 版　2019 年 1 月第 3 次印刷
印　　数：2001～3000 册
定　　价：25.00 元

“服务外包产教融合系列教材”
编审委员会

总　序

发展服务外包，有利于提升我国服务业的技术水平、服务水平，推动出口贸易和服务业的国际化，促进国内现代服务业的发展。在国家和各地方政府的大力支持下，我国服务外包产业经过10年快速发展，规模日益扩大，领域逐步拓宽，基于互联网、物联网、云计算、大数据等一系列新技术的新型商业模式应运而生，服务外包企业的国际竞争力不断提升，逐步进入国际产业链和价值链的高端。服务外包产业以极高的孵化、融合功能，助力我国航天服务、轨道交通、航运、医药、医疗、金融、智慧健康、云生态、智能制造、电商等众多领域的不断创新，通过重组价值链、优化资源配置降低了成本并增强了企业核心竞争力，更好地满足了国家"保增长、扩内需、调结构、促就业"的战略需要。

创新是服务外包发展的核心动力。我国传统产业转型升级，一定要通过新技术、新商业模式和新组织架构来实现，这为服务外包产业释放出更为广阔的发展空间。目前，"众包"方式已被普遍运用来重塑传统的发包/接包关系，战略合作与协作网络平台作用凸显，从而促使服务外包行业人员的从业方式也发生了显著变化，特别是中高端人才和专业人士更需要在人才共享平台上根据项目进行有效整合。从发展趋势看，服务外包企业未来的竞争将是资源整合能力的竞争，谁能最大限度地整合各类资源，谁就能在未来的竞争中脱颖而出。

广州大学华软软件学院是我国华南地区最早介入服务外包人才培养的高等院校，也是广东省和广州市首批认证的服务外包人才培养基地，还是我国服务外包人才培养示范机构。该院历年毕业生进入服务外包企业从业平均比例高达66.3%以上，并且获得业界高度认同。常务副院长迟云平获评2015

年度服务外包杰出贡献人物。该院组织了近百名具有丰富教学实践经验的一线教师，历时一年多，认真负责地编写了软件、网络、游戏、数码、管理、财务等专业的服务外包系列教材30余种，将对各行业发展具有引领作用的服务外包相关知识引入大学学历教育，着力培养学生对产业发展、技术创新、模式创新和产业融合发展的立体视角，同时具有一定的国际视野。

当前，我国正在大力推动"一带一路"建设和创新创业教育。广州大学华软软件学院抓住这一历史性机遇，与国家发展和改革委员会国际合作中心合作成立创新创业学院和服务外包研究院，共建国际合作示范院校。这充分反映了华软软件学院领导层对教育与产业结合的深刻把握，对人才培养与产业促进的高度理解，并愿意不遗余力地付出。我相信这样一套探讨服务外包产教融合的系列教材，一定会受到相关政策制定者和学术研究者的欢迎与重视。

借此，谨祝愿广州大学华软软件学院在国际化服务外包人才培养的路上越走越好！

国家发展和改革委员会国际合作中心主任

2017年1月25日于北京

前　言

随着互联网技术的不断发展，人们在生活中无时无刻不在使用互联网产品，例如，网站、手机APP等。而这些产品从设计到开发实现，都必须经过一个原型设计的过程。产品原型设计可以说是整个产品面市之前的一个框架设计，是产品设计的第一要素。它所起到的不仅是沟通的作用，更有体验之效。通过内容和结构展示以及粗略布局，能够使用户与产品进行交互，体现开发者及UI设计师的创意，表现用户所期望看到的内容等。

Axure RP就是一个专业的快速原型设计工具，让负责定义需求和规格、设计功能和界面的专家能够快速创建应用软件或Web网站的线框图、流程图、原型和规格说明文档。作为专业的原型设计工具，它能快速、高效地创建原型，同时支持多人协作设计和版本控制管理。

Axure RP的使用者主要包括商业分析师、信息架构师、可用性专家、产品经理、IT咨询师、用户体验设计师、交互设计师、界面设计师等，另外，架构师、程序开发工程师也在使用Axure RP。

笔者从2013年开始在广州大学华软软件学院教授“网站与手机APP原型设计”课程，至今已经有三年多的时间，在这期间对于如何使用Axure RP软件设计网站与手机APP的原型积累了一定的教学经验，同时也制作和整理了一些原型案例，希望通过本书分享给致力于原型设计的读者。

本书共分为10章，内容由浅入深，理论与实践相结合，通过讲解案例制作的过程，使读者强化对Axure RP使用方法的掌握以及了解Axure RP在原型设计过程的应用思路。

第1章主要涉及原型的基本类型，以及Axure RP 7.0的操作界面和基本操作。

第2章主要涉及利用站点地图管理产品结构和层次，以及掌握增加页面、删除页面、移动页面等相关操作。

第3章主要涉及线框图部件和流程图部件的使用，部件是制作原型的零部件和基础，所以熟练、正确地使用部件对产品原型的制作至关重要。

第4章主要涉及母版的管理操作。母版的功能非常强大，在制作原型的过程中，利用好母版会大大提高工作效率。

第5章主要涉及 Axure RP 的交互面板。掌握了部件交互的使用，才能做出各种真实的交互效果，给用户带来一种真实的产品交互操作，而不是简简单单的原型。

第6章主要涉及动态面板部件的各项操作。动态面板部件是功能强大的部件，掌握动态面板部件的使用，可以制作出高仿真的交互效果。

第7章主要涉及高级交互中的条件语句和变量。通过条件语句和变量可以制作出更多的产品交互效果。

第8章主要涉及中继器的组成、数据集和项目列表的操作以及中继器、数据集函数。中继器是 Axure RP 7.0 版本新增的部件，可以逼真地制作出商品列表的原型。

第9章主要涉及自适应视图。学会了自适应视图，就能够设计与制作出在不同的设备显示与使用的产品原型。

第10章主要涉及 APP 原型的设计。APP 是目前重要的互联网产品，它主要应用在移动端，所以本章对设计移动端的 APP 原型进行了详细的介绍，并讲解了如何发布和在手机端预览。

本书非常适合无基础的读者，能够让希望从事产品设计、原型开发等工作而又没有任何经验的读者快速、全面地了解原型设计，掌握利用 Axure RP 开发原型的过程。

编　者

2017年2月

目　录

1 初识 Axure RP

Axure RP 是美国 Axure Software Solution 公司开发的一个专业的快速原型设计工具，让负责定义需求和规格、设计功能和界面的设计人员能够快速创建应用软件或 Web 网站的线框图、流程图、原型和规格说明文档。

目前，Axure RP 的使用者主要包括商业分析师、信息架构师、可用性专家、产品经理、IT 咨询师、用户体验设计师、交互设计师、界面设计师等。另外，架构师、程序开发工程师也在使用 Axure RP。

1.1 产品原型

产品原型概括地说是整个产品面市之前的框架设计。以网站用户注册为例，整个前期的交互设计流程图之后，就是原型开发的设计阶段，简单来说是将页面的模块、元素、人机交互的形式，利用线框描述的方法，将产品在脱离网络状态下更加具体、生动地进行表达。

1.1.1 原型设计的作用

原型，是用线条、图形描绘出的产品框架，也称为线框图。原型设计就是指综合考虑产品目标、功能需求场景、用户体验等因素，对产品的各版块、界面和元素进行合理性排序的过程。

原型设计在整个产品流程中处于最重要的位置，有着承上启下的作用。原型设计之前的需求或是功能信息都相对抽象，原型设计的过程就是将抽象信息转化为具象信息的过程，之后的产品需求文档(PRD)是对原型设计中的版块、界面、元素及它们之间的执行逻辑进行描述和说明。所以说，原型设计的重要性无可替代。

原型设计的作用有以下两点。

(1)因为原型设计是需求和功能的具象化表达，所以原型设计可以辅助产品经理与领导、交互、UI 和技术等部门沟通产品思路。

(2)因为原型设计相较于 UI 设计稿来说修改更方便，所以原型设计能提高产品经理的工作效率。

1.1.2　原型设计的类型和工具

1. 手绘原型(草图)

所需工具：铅笔、橡皮、白纸。

铅笔相比于中性笔的好处在于方便修改，白纸的好处在于可以随心所欲，不过对于移动产品的设计来说，建议在印有手机框架的白纸上绘制，以便于快速进入情景状态，也能对手屏的界面分配做到心中有数，如图1-1所示。

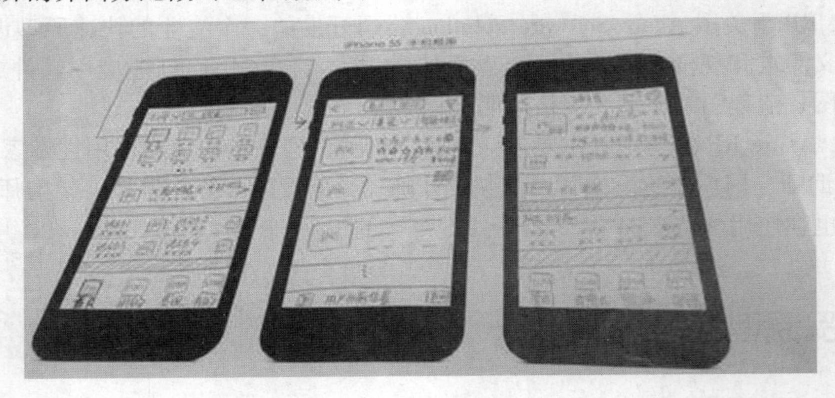

图1-1　手绘原型

2. 工具原型

所需工具：Axure RP(推荐)、Justmind(APP)、Keynote(最近比较火，适用于Mac OS)。

对Axure RP而言，无论是PC端产品经理还是APP产品经理都比较熟悉，通过工具绘制的产品原型已经比较正式，如果添加了色彩和交互动作(高保真)，可与最终产品形态无异，如图1-2所示。

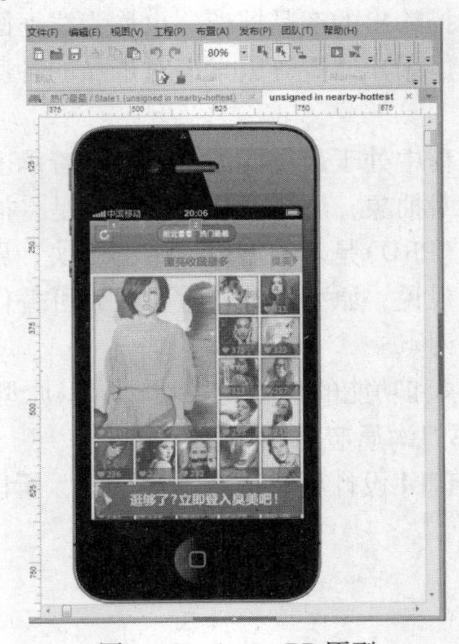

图1-2　Axure RP原型

1.2 Axure RP 7.0 介绍

Axure RP 是一款便捷高效的网页制作工具，本书将介绍 Axure RP 7.0 版。Axure RP 7.0 有助于快速建立交互和窗口布局，此外还新增内嵌文本链接、旋转形状以及移动应用原型制作功能。

Axure RP 7.0 的新功能和新特性：

(1)增加了预览选项，能够设置在预览和生成原型时是否最小化或不带有左侧的站点地图导航。

(2)优化了界面和操作，明显提高绘制效率，可直接在控件上改变形状，同时加入几个常用形状。

(3)支持了投影和内阴影，可以用来画简单的组件。

(4)支持更多的触发事件，动态面板也可以执行鼠标点击事件。

(5)普通形状也能增加事件效果，例如，要移动一个形状，不需要转化成动态面板。

(6)事件用例感觉也有所变化，增加了一些参数，例如，切换动态面板状态时有更多的参数可以选择。

(7)增加了实时预览功能，再也不用一遍又一遍地生成页面了。

(8)内容自适应，例如，动态面板或文字块能根据内容自动适应到合适大小。

(9)强化的表格功能中继器，可以自动填充数据，对数据进行排序、过滤等操作。

(10)页面级的参数 Onresize，在手机测试时可以作为横竖屏判断。

(11)响应式布局，可以定义不同窗口大小下的布局结构。

1.2.1 Axure RP 的启动界面

当安装完 Axure RP 7.0 并初次启动时，会出现欢迎画面和许可证信息，如图 1－3 所示。

在弹出的欢迎窗口中，包括以下 3 个操作。

(1)打开已有文件。显示最近打开的项目，或者打开一个新的项目。

①在 Mac 版本中，一个 Axure RP 程序可以同时打开多个文件，并可以通过 Windows 菜单在多个文件之间切换。

②在 Windows 版本中，每个 Axure RP 程序只能打开一个文件。如果想同时打开多个文件，可以再运行一个 Axure RP 程序来打开另一个文件。

(2)新建。新建一个项目。Axure RP 包含以下 3 种不同的文件格式。

① .rp 文件。这是设计时使用 Axure RP 进行原型设计时所创建的单独文件，也是 Axure RP 创建新项目的默认格式。

② .rplib 文件。这是自定义部件库文件。可以到网上下载 Axure RP 部件库使用，也可以自己制作自定义部件库。

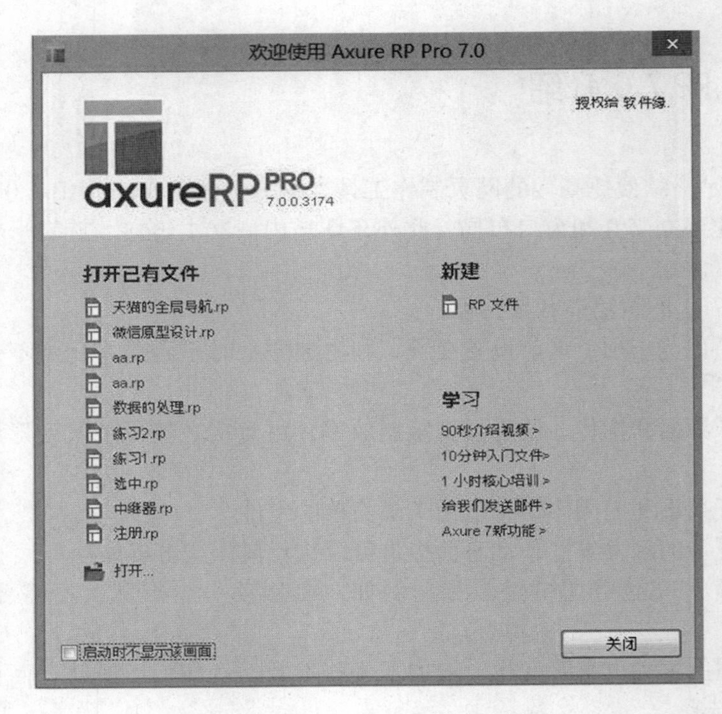

图 1-3　Axure RP 7.0 的欢迎界面

③ .rpprj 文件。这是团队协作的项目文件，通常用于团队中多人协作处理同一个较为复杂的项目。

(3)学习。Axure RP 7.0 官方在线学习教程，这也是初学者一个很好的学习平台。点选欢迎窗口左下角的“启动时不显示该画面”，那么下次启动软件时将不再显示欢迎画面。

1.2.2　Axure RP 的工作界面

点击欢迎窗口中的“新建/RP 文件”即可进入工作界面。认识 Axure RP 7.0 的工作界面对于掌握 Axure RP 7.0，提高制作效率是关键的一步。Axure RP 7.0 的工作界面有“站点地图”“所有部件库”“母版”“部件交互和注释”“部件属性和样式”“部件管理”等，如图 1-4 所示。

1. 菜单栏

“菜单栏”提供了“文件”“编辑”“视图”“项目”“布局”“发布”“团队” “帮助”8 项菜单，单击其中任意一项菜单，随即会出现一个下拉式指令菜单。如果指令选项为浅灰色，则代表该指令在当前的状态下不能执行。有些指令的右边会有键盘的代码，这是该指令的快捷键，熟练使用快捷键将有助于提高工作效率。有些指令的右边会有一个小黑三角的标记，它代表该指令还包含下一级的指令，鼠标在此停留片刻即可显现，如图 1-5所示。

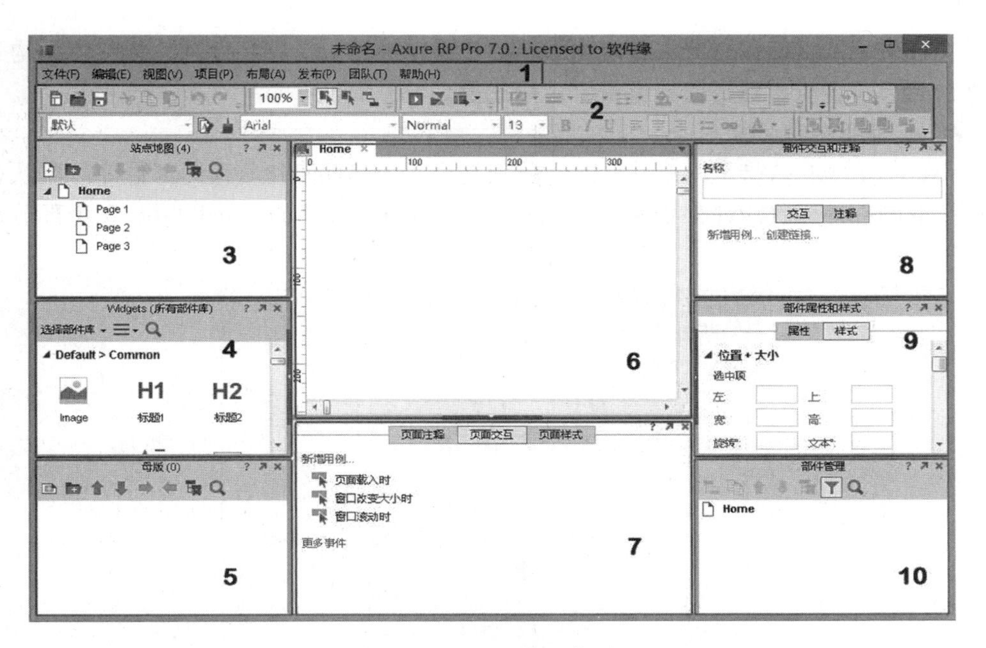

图 1－4　Axure RP 工作界面

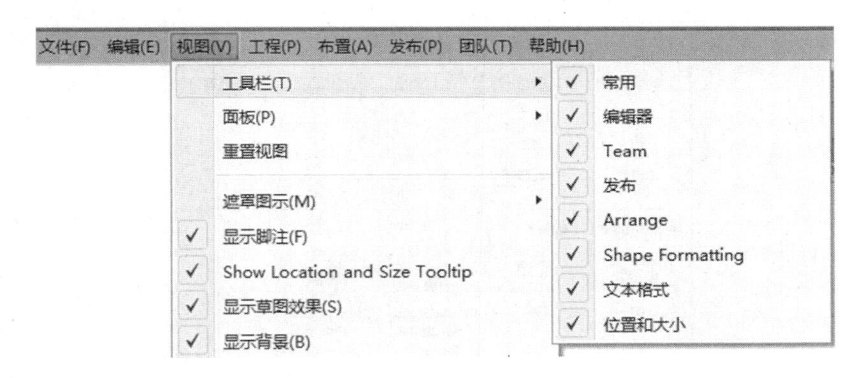

图 1－5　菜单栏样式

2. 工具栏

“工具栏”指的是“菜单栏”下边的 2 排按钮，选择菜单“视图/工具栏”，勾选其中的“常用”“编辑器”“团队”“发布”“布局”“形状样式”“文本格式”“位置和大小”等 8 项，完整的“工具栏”就显示出来了。

3. 站点地图

“站点地图”可用于创建和管理页面。新项目的站点地图区默认包含一个首页和其下的 3 个嵌套页面，如图 1－6 所示。

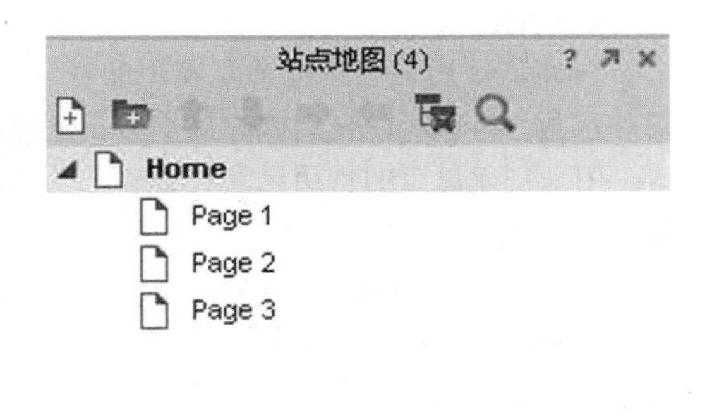

图 1－6　站点地图

在进行复杂页面编辑时，建议先创建一个站点地图，也就是说网站的整体结构先规划好，然后再进行单独页面的编辑，这样比较高效。

4. 所有部件库

Axure RP 7.0 自带了两个部件库，分别是线框图部件库和流程图部件库。默认显示的是线框图部件库，该部件面板包含 Common、Forms 和 Menus and Table 3 个部分，如图 1－7 所示。

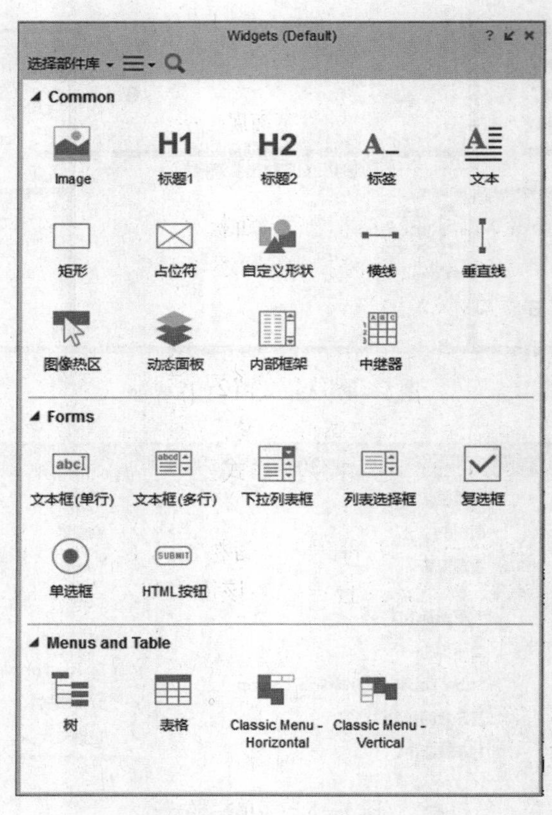

图 1－7　线框图部件库

5. 母版

“母版”可用来创建可重复使用的资源和管理全局变化，是整个项目中重复使用的部件容器。对母版的任何修改提交后，任何页面中所使用的相同的母版都会同时改变。

用来创建母版的常用元素有页头、页脚、导航、模板和广告等。当每个页面中有大量相同、重复的元素时，使用母版能够节省时间，提高设计效率。

6. 页面编辑区域

“页面编辑区域”是 Axure RP 软件工作的区域，设计者所有的部件布局都必须放置在该区域中进行编辑操作。

7. 页面属性面板

“页面属性面板”在“页面编辑区域”下方，由“页面注释”“页面交互”“页面样式”3

个部件组成，如图1－8所示。

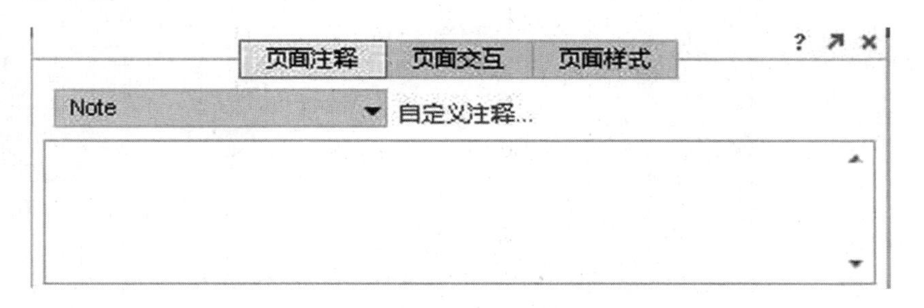

图1－8　页面属性面板

8. 部件交互和注释

软件界面的右上角是“部件交互和注释”面板。这是一个非常重要的面板，原型里面的交互效果绝大部分是在这里实现的；而且还可以通过“注释”对交互、元素进行说明，方便设计人员修改和团队的合作。

9. 部件属性和样式

“部件属性和样式”包含了“属性”和“样式”2个选项，其中“属性”选项会根据编辑区中选择的部件的不同而显示不同的属性设置，如位置、大小、颜色等；而“样式”选项包含的内容都一样，只不过有个别元件的样式是禁止修改的。

10. 部件管理

在软件界面的右下角有一个“部件管理”面板，这个面板也是很常用的，页面中所有的部件都能在这个列表中找到，并且可以在该面板改变部件在页面的层次，特别是用来管理“动态面板”十分方便。

1.3　Axure RP的基本操作

1.3.1　打开Axure RP文件

打开Axure RP文件有两种方法，分别是通过“文件”/“打开”或者选择工具栏中的“打开”按钮，此时会弹出如图1－9所示的对话框。

在该对话框中选择计算机中要打开的.rp文件，然后点击“打开”按钮，即可在编辑窗口打开选中的文件。

1.3.2　新建和保存Axure RP文件

新建Axure RP文件的方法有以下两种。

方法一：通过“文件”/“新建”，或按快捷键Ctrl＋N。

方法二：点击“工具栏”上的新建按钮。

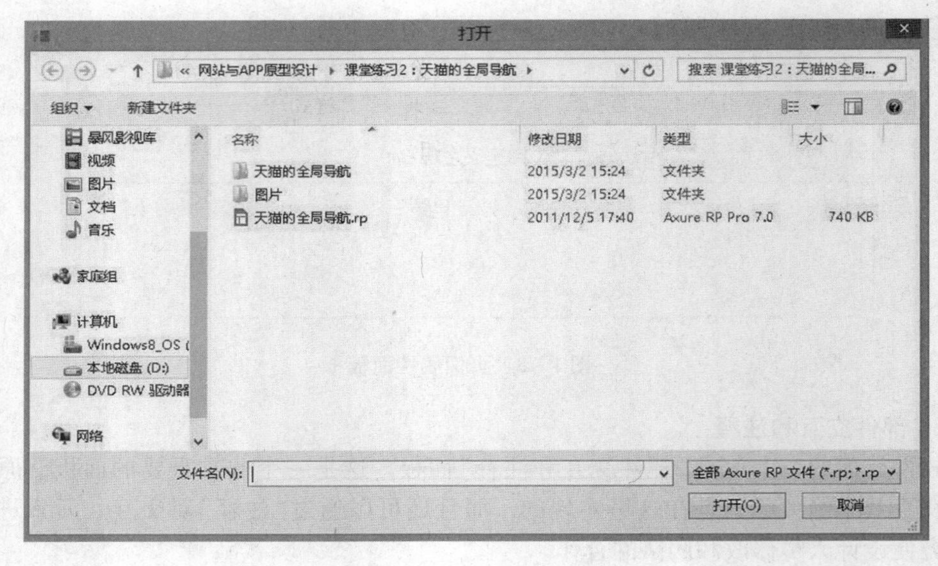

图 1－9 “打开”对话框

如果之前已经有正在编辑的Axure RP文件，当新建另一个文件时，软件会弹出“保存”窗口，要求先保存之前的文件，才能新建文件，如图1－10所示。

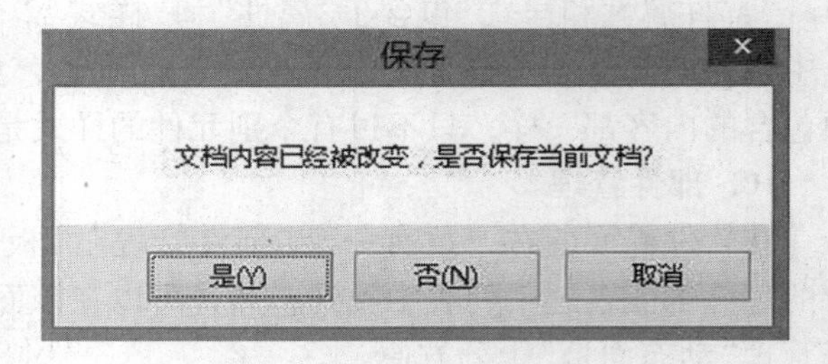

图 1－10 “保存”窗口

保存文件的方法除了新建时会弹出“保存”之前编辑文件的窗口外，还可以通过“文件”/“保存”“文件”/“另存为”或“工具栏”上的保存按钮保存文件，保存的文件扩展名为．rp。

1.3.3 Axure RP 文件的发布

原型文件设计与制作完成后，我们将通过预览或发布查看原型效果。点击“发布”菜单命令，或是“工具栏”上的“发布”按钮，此时会弹出如图1－11所示的子菜单。

预览	F5
预览选项...	Ctrl+F5
发布到AxShare(A)...	F6
生成原型文件(G)...	F8
在HTML文件中重新生成当前页面(R)	Ctrl+F8
Generate Word Documentation...	F9
更多生成配置(M)...	

图 1－11 “发布”子菜单

(1)预览(F5)。就是把当前编辑好的 Axure RP 文件在浏览器中进行显示。

(2)预览选项(Ctrl + F5)。对原型文件的预览进行参数设置。点击该子菜单后，会弹出如图 1 – 12 所示“预览选项”对话框。在“选择要预览原型的设置”中可以配置要进行预览的文件；“打开”选项中可以设置浏览器和站点地图的显示模式。

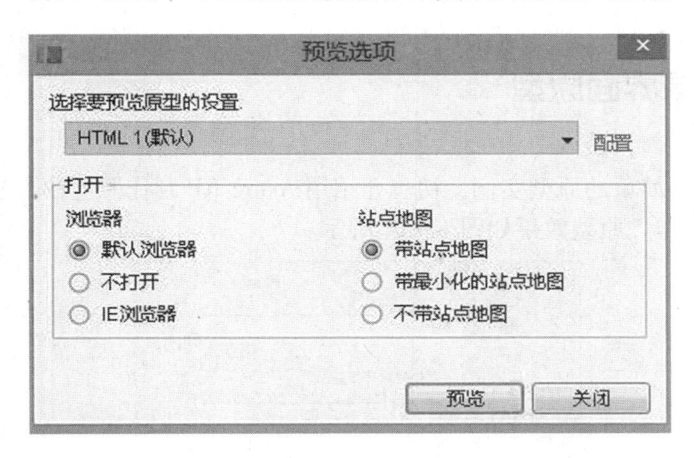

图 1 – 12　预览选项

(3)发布到 AxShare(F6)。把设计好的原型上传到 Axure RP 官方推出的云托管服务器中，可以与他人分享设计好的原型。该内容在后面会有详细介绍。

(4)生成原型文件(F8)。就是把当前编辑好的 Axure RP 文件生成一个 HTML 的网站原型。点击该子菜单后，会弹出如图 1 – 13 所示的对话框。在“常规”选项中设置文件保存到本地电脑中的位置；“打开”选项设置用何种浏览器打开页面，该页面是否显示站点地图信息。

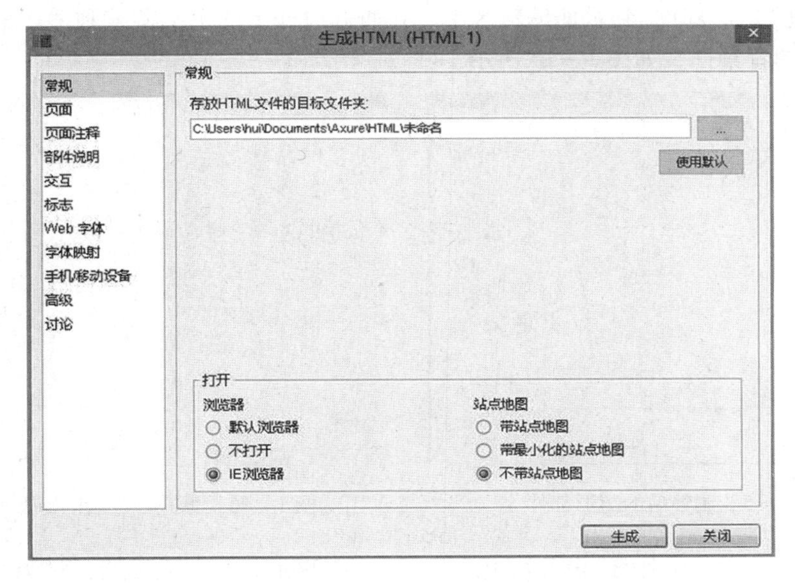

图 1 – 13　生成 HTML

(5)在 HTML 文件中重新生成当前页面(Ctrl + F8)：只把当前编辑过的页面重新生成，而不是重新生成整个站点中的全部页面，可以提高效率。

(6)规格 Word 文档(F9)：即为当前的网站生成规格说明，包括每个页面的描述，每个组件的坐标、尺寸、颜色等的说明。

1.4 网页登录界面原型

下面通过一个简单的原型实例，初步介绍用 Axure RP 制作原型的方法，以及 Axure RP 软件的简单操作。原型效果如图 1 – 14 所示。

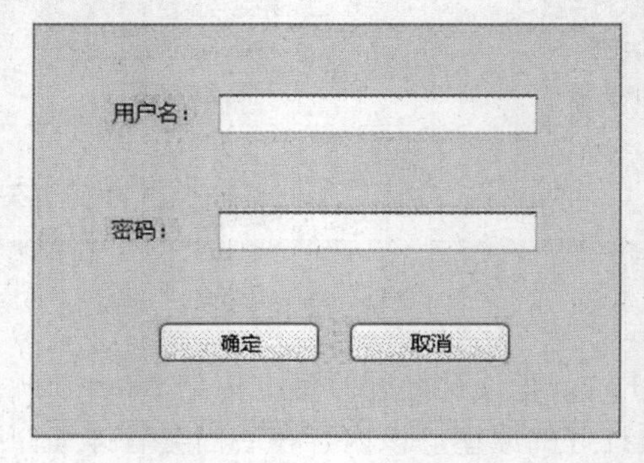

图 1 – 14 原型效果

(1)新建一个 Axure RP 文件，在“所有部件库”面板中选择“默认(线框图)”。

(2)在“默认(线框图)”部件库的“Common”类下找到“矩形部件”矩形。

(3)拖动“矩形部件”到页面编辑区中，并通过边框上的手柄调整到适当的大小，作为登录界面的背景框，如图 1 – 15 所示。

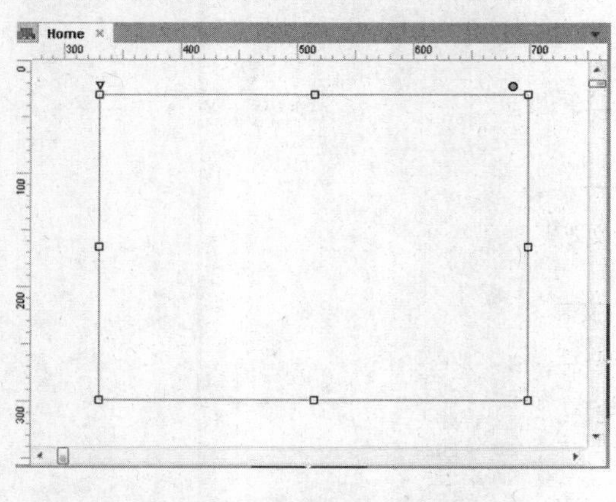

图 1 – 15 调整后的矩形部件

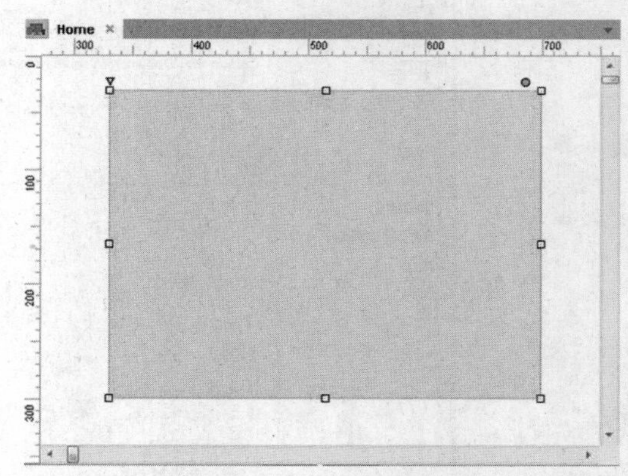

图 1 – 16 填充颜色后的矩形部件

(4)通过“工具栏”上的“填充颜色”按钮，给“矩形部件”填充颜色#00FFFF，如图

1－16所示。

(5)拖动“标签”部件到矩形部件的相应位置，并输入“用户名:”字样；选中文字，通过“工具栏”设置字体为宋体，14 号字，如图 1－17 所示。

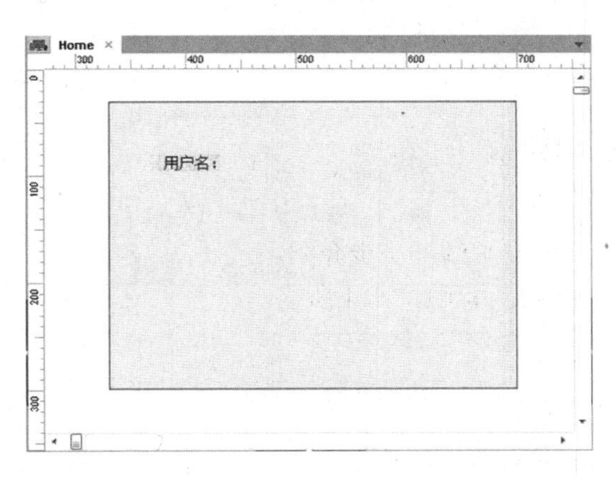

图 1－17　添加“用户名”

(6)拖动部件库中“Forms”类下的“文本框(单行)”部件到“用户名:”右侧位置，如图 1－18 所示。

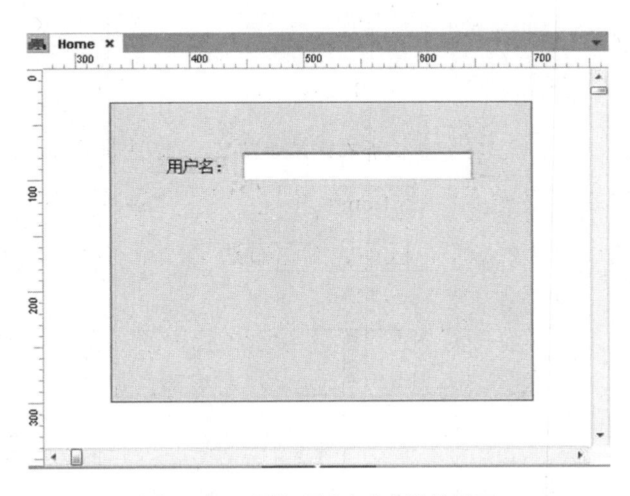

图 1－18　添加了“文本框”的界面

(7)按住 Ctrl 键，同时选中“用户名:”和“文本框”，先按下 Ctrl + C 进行复制，再按下 Ctrl + V 进行粘贴，这样将复制出一个“用户名:”文本和一个“文本框”。将复制出来的“用户名:”改为“密码:”，然后把“密码:”与复制出的“文本框”拖动到“用户名:”下方，如图 1－19 所示。

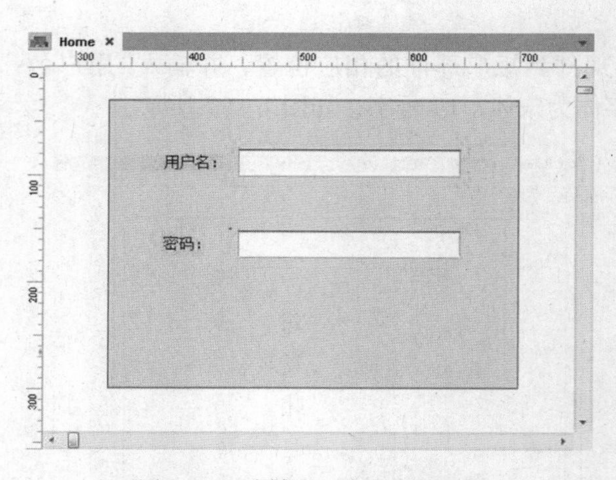

图 1－19　添加了“密码”的界面

(8)拖动两次“HTML 按钮”部件到“矩形部件”下方，双击一个按钮部件输入“确定”，双击另一个按钮部件输入“取消”，如图 1－20 所示。

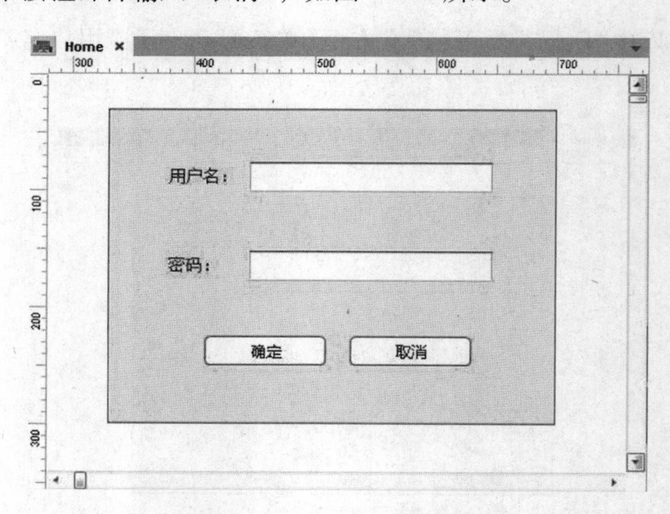

图 1－20　添加了按钮的界面

(9)保存原型文件，按下 F5 键进行预览。

2 站点地图

对于一些新手来说，在产品设计与制作过程中往往没有考虑好产品的结构和层次，直接进入每个页面的设计，但是到后期就会发现在产品的内容结构上出现了问题，此时再去调整结构和层次将会变得十分困难。因此，建议大家在设计产品之前先构思好产品的结构、层次。而 Axure RP 软件中的“站点地图”就起到这个作用，也就是说先在“站点地图”中把产品的整体结构先规划好，然后再进行单独页面的编辑，这样比较高效。

2.1 “站点地图”面板

“站点地图”面板位于 Axure RP 7.0 左侧。由两部分组成，一部分是功能条，其是对页面操作的按钮；另一部分是树状结构页面，其采用的目录结构和 Windows 一致，通过父与子的页面关系、兄弟和兄弟的页面关系，把要设计的产品页面关系整合起来，形成产品的文档关系。通过建立站点地图，形成产品文档关系，对产品的功能模块、不同栏目有一个清晰的描述，这样可以让不同受众清晰地理解设计者的思路。

2.1.1 “站点地图”功能条

如图 2－1 所示是“站点地图”的功能条。

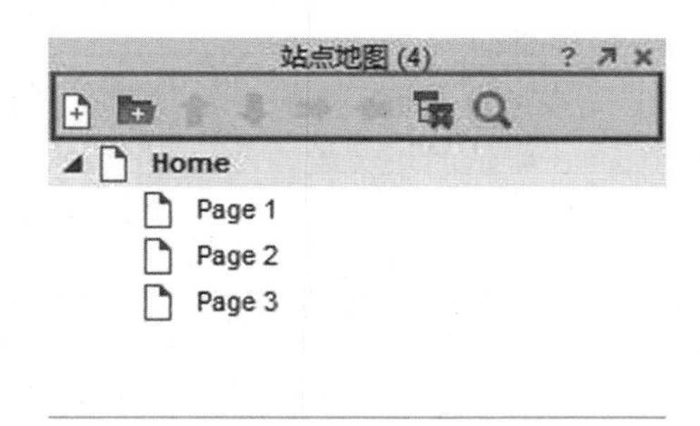

图 2－1 “站点地图”功能条

(1)：创建一个新的页面。

(2)：创建一个新的文件夹，文件夹可以对页面进行分类管理。

(3)：实现页面位置上移，调整页面的排序。

(4)：实现页面位置下移，调整页面的排序。

(5)：实现页面层次的降级，在原层次上会变为子层次。

(6)：实现页面层次的升级，在原层次上会变为父层次。

(7)：删除所选页面，同时删除其子页面。

(8)：可以快速查找所需页面。

2.1.2 页面的操作

可以通过“站点地图”对页面进行相应的操作，包括新增页面、移动页面、删除页面、重命名、复制页面等。以上操作除了使用前面述及的“站点地图”功能条外，还可以通过右击鼠标的方法完成。

1. 新增页面

在“站点地图”面板选中一个页面，右击鼠标，在弹出的菜单中选中“新增”，将弹出如图2－2所示的子菜单。

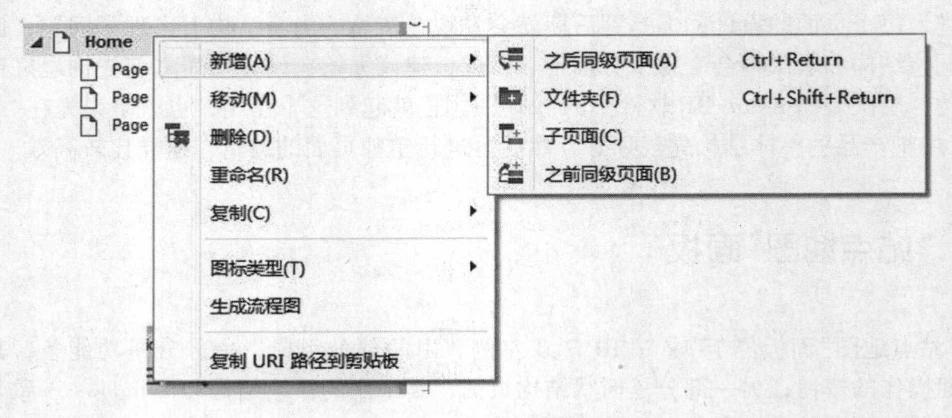

图2－2 “新增”菜单

(1)之后同级页面：在当前选中的页面之后新建一个同级的页面。

(2)文件夹：新建一个管理页面的文件夹。

(3)子页面：新建一个页面，该页面为当前选择页面的子页。

(4)之前同级页面：在当前选中的页面之前新建一个同级的页面。

2. 移动页面

在“站点地图”面板选中一个页面，右击鼠标，在弹出的菜单中选中“移动”，将弹出如图2－3所示的子菜单。

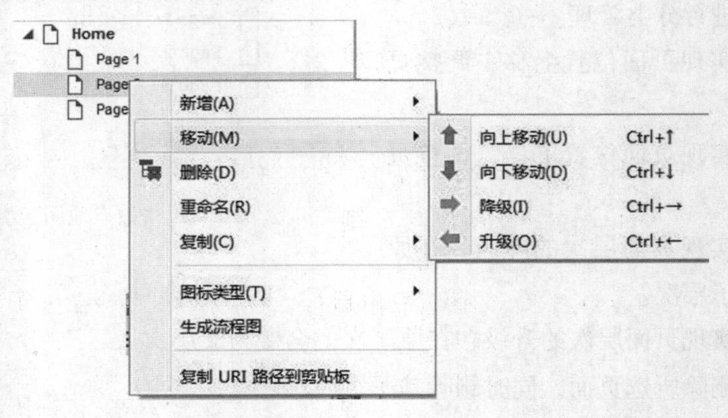

图2－3 “移动”菜单

(1)向上移动：当前选中的页面位置上移。

(2)向下移动：当前选中的页面位置下移。

(3)降级：当前选中的页面层次下降，变上个页面的子页面。

(4)升级：当前选中的页面层次上升，与上个页面同级。

3. 删除页面

在“站点地图”面板选中一个页面，右击鼠标，在弹出的菜单中选中“删除”，将把选中的页面删除。如果该页面还有子页面，删除时将弹出如图 2－4 所示“警告”窗口。

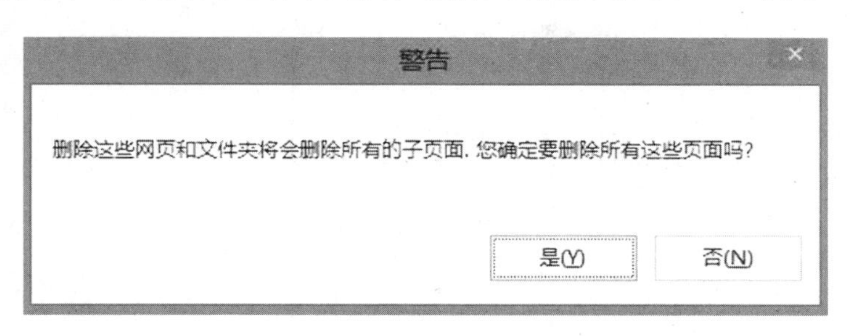

图 2－4 “警告”窗口

如果确定选中页面及其子页面都要删除就点击“是”，如果不删除子页面就点击“否”。然后把子页面移动到其它位置后，再删除选中页面。

4. 重命名

“站点地图”默认的页面命名为 Home、Page 1、Page 2、Page 3；而新建的页面默认的命名为 New Page 1、New Page 2……建议每个页面根据内容用英文缩写或字母、数字的组合进行有意义的命名，这样做的目的是方便设计者能在大量的页面中快速找到需要编辑的页面。

页面重命名有两种方法：

方法一：在要重命名的页面名上点击一下，停顿后再次点击，此时页面名称如图 2－5 所示，即可重新输入名字。

方法二：在“站点地图”面板选中一个页面，右击鼠标，在弹出的菜单中选中“重命名”即可。

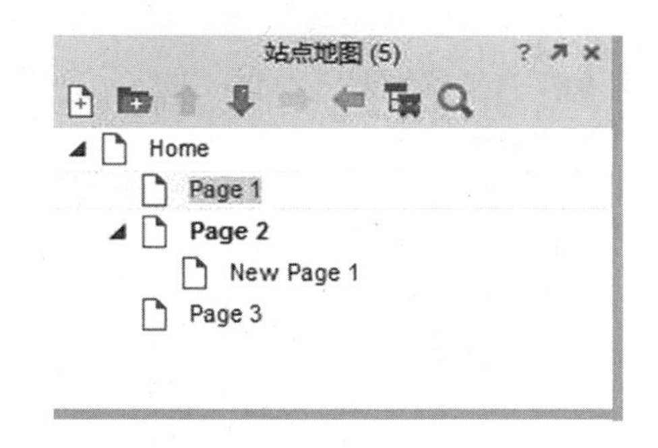

图 2－5 重命名状态

5. 复制页面

复制页面可以提高原型设计的工作效率，对一些大体相同的页面，不必重新设计和制作，而是通过复制页面后进行细微的修改。

在“站点地图”面板选中一个页面，右击鼠标，在弹出的菜单中选中“复制”，将弹出如图 2－6 所示的子菜单。

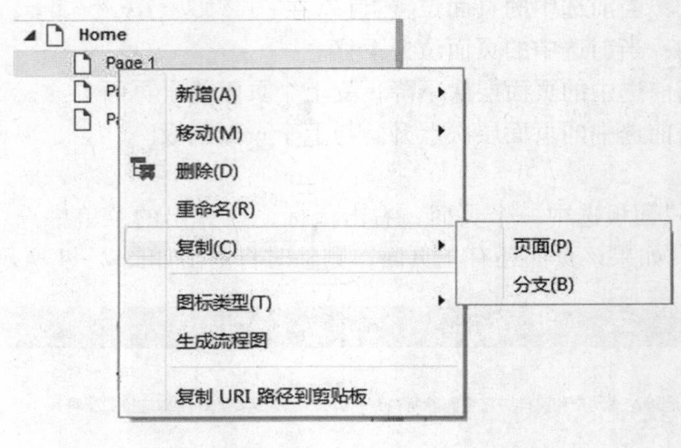

图 2-6 “复制”命令

2.2 流程图

“站点地图”除了可以进行新增页面、移动页面、删除页面等页面操作外，同时也提供了生成流程图的功能。而流程图可以清晰地表达产品结构的层次关系，特别是在后面做产品说明时往往需要加入流程图，让用户明确产品的结构。而 Axure RP 软件可以根据“站点地图”快速生成流程图。

【例 2-1】 流程图的生成。

(1)打开“第 2 章/例 2-1. rp”文件，此时“站点地图”如图 2-7 所示。

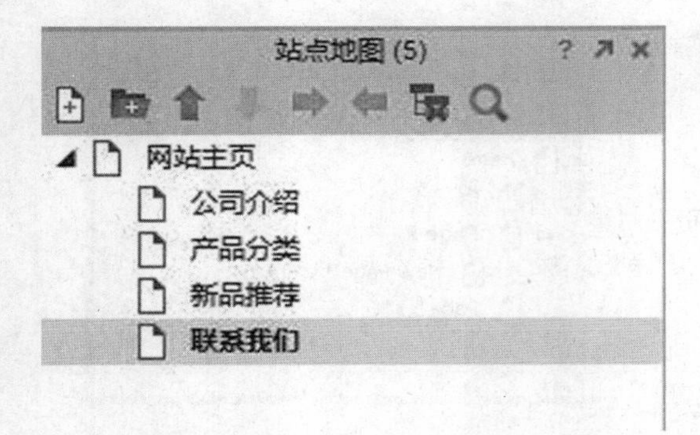

图 2-7 站点地图　　图 2-8 生成流程图

(2)选中“网站主页”页面，右击鼠标，选择“生成流程图”，此时会弹出如图 2-8 所示窗口。

①纵向：选择此项生成的流程图层次结构是由上往下显示。

②横向：选择此项生成的流程图层次结构是由左往右显示。

(3)本例选择“纵向”，点击“确定”，此时在“页面编辑区域”将生成如图 2 –9 所示流程图。

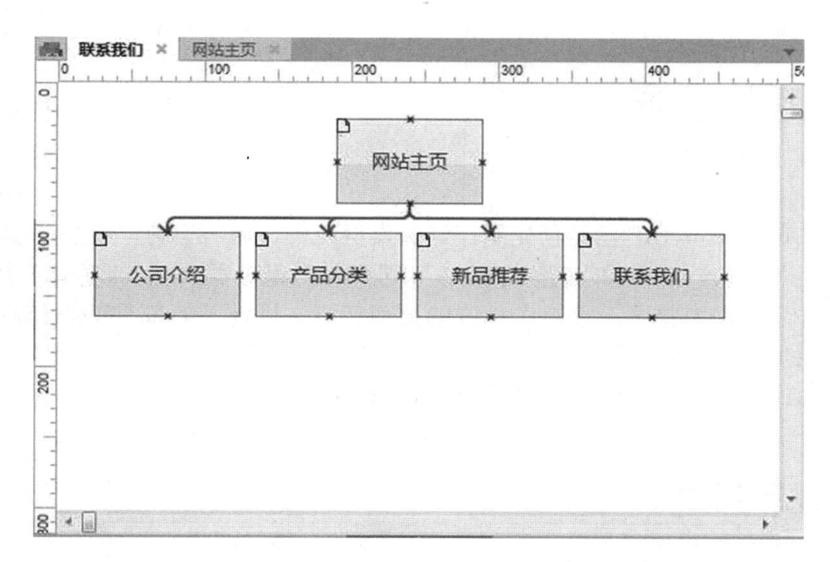

图 2 –9　生成的流程图

3 部件库

“部件”就是 Axure RP 已经预先制作好的素材元件，而“部件库”就是存放这些素材元件的地方。设计产品原型时根据界面的不同素材类型，需要从“部件库”中拖动相应的“部件”到编辑区才能导入或制作相应的页面元素。因此，对部件的熟练程度，决定了制作原型的效率以及质量。

Axure RP 部件区域，默认包含线框图部件和流程图部件。

3.1 线框图部件

Axure RP 7.0 默认内置了 25 种线框图部件，如图 3－1 所示。这些部件可以分为三类，分别是：Common（常用部件）、Forms（表单部件）、Menus and Table（菜单与表格部件）。

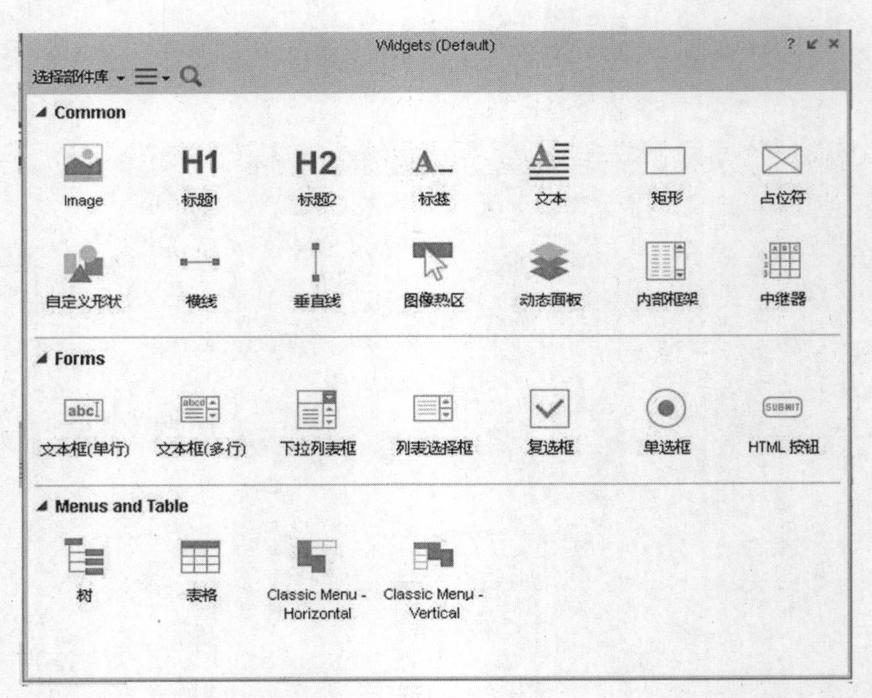

图 3－1　线框图部件

3.1.1 常用部件

1. 图片部件

在设计原型时，页面中的图片素材必须使用“图片部件”进行编辑。具体操作如下：

(1)拖动一个“图片部件”到编辑区，如图 3－2 所示。

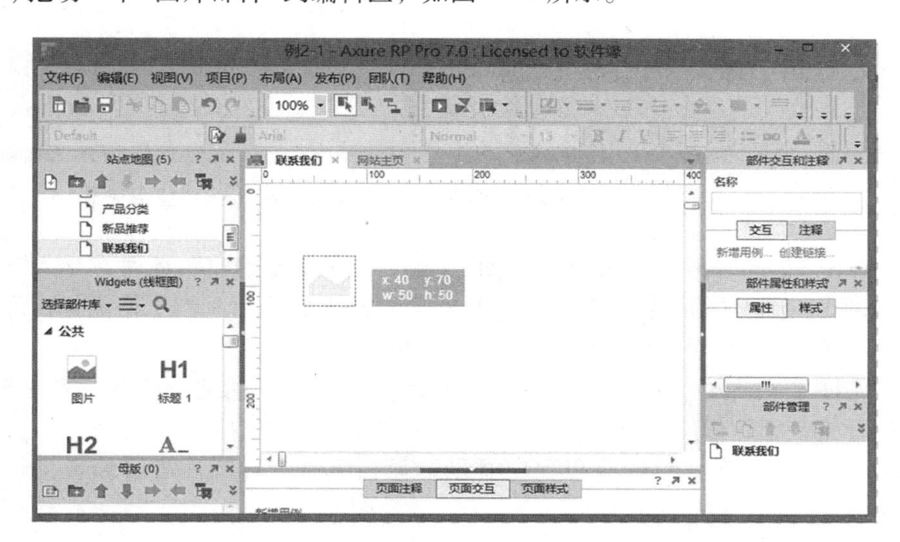

图 3－2 拖动“图片部件”

(2)双击“图片部件”将打开如图 3－3 所示的窗口，从本地电脑中选择要导入的图片素材。可导入的常见图片格式有：GIF、JPG、PNG、BMP、PSD 等。

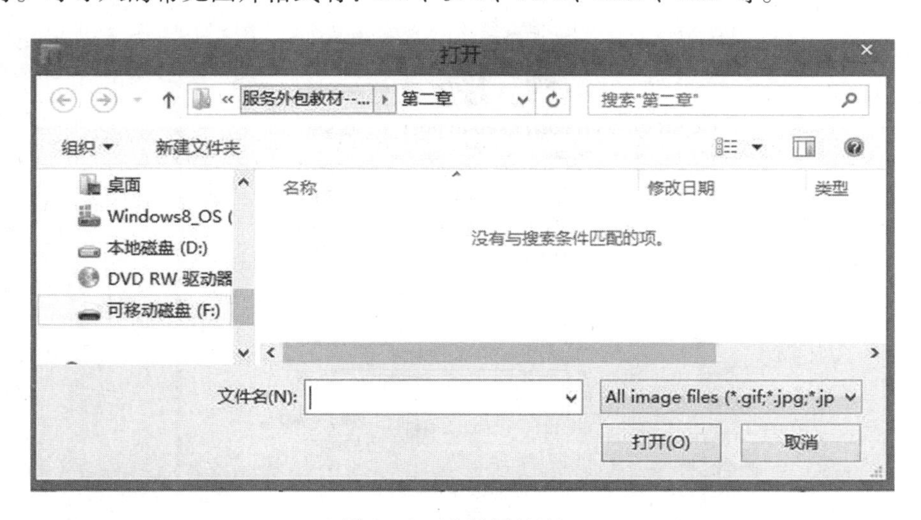

图 3－3 选择图片窗口

(3)当导入的图片素材大于或小于“图片部件”时，会显示如图 3－4 所示的自动调整信息窗口。如果选择“是”，保持导入图片素材的大小；如果选择“否”，保持“图片部件”的大小。

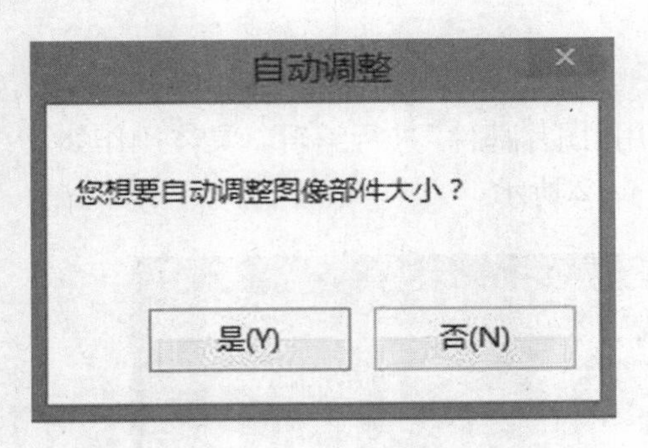

图 3－4　自动调整

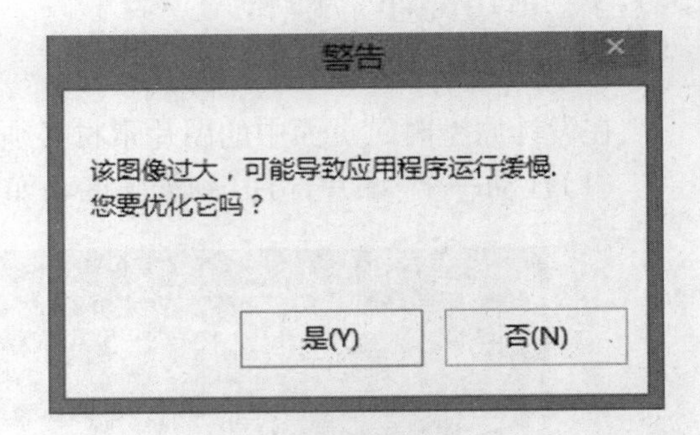

图 3－5　警告提示

（4）当导入的图片素材过大时，可能会影响产品的浏览速度，此时在导入图片时还会弹出如图 3－5 所示的警告信息。选择“是”会对导入的图片适当压缩优化，可能会产生颜色的失真，选择“否”将保存原图的大小和颜色。

（5）“图片部件”大小的改变还可以通过四周的 8 个小手柄进行调整，按住 Shift 键，同时用鼠标拖动图片部件边角的小手柄，可以按纵横比例缩放图片。

（6）右击图片，在弹出的菜单项中可以选择相应命令对图片进行编辑操作，如图 3－6所示。

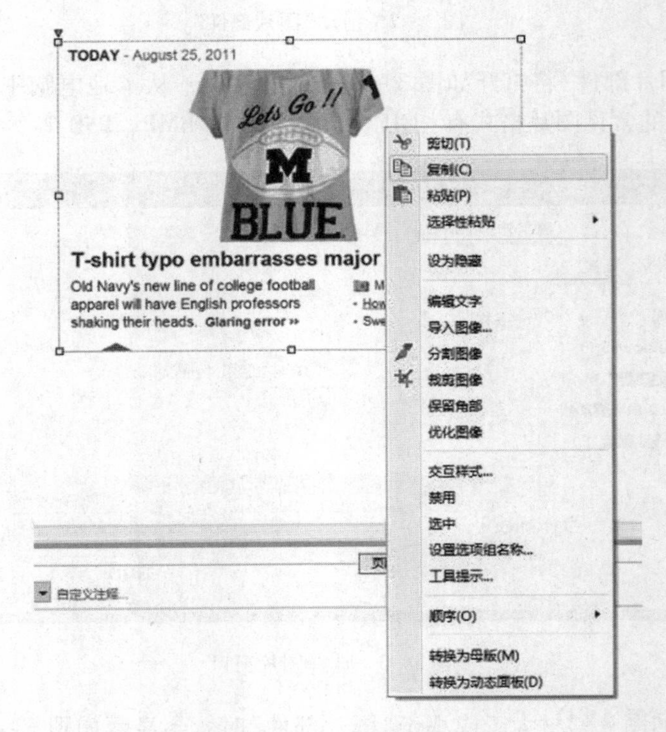

图 3－6　图片编辑操作菜单

(7)选择“编辑文字”可以在图片上增加文字，并利用“工具栏”对字体、大小、颜色等样式进行设置。

(8)选择“分割图片”，此时编辑区将如图 3 －7 所示，鼠标变为“刀状”，右上角出现功能条。“分割图片”的方式有十字分割、水平分割和垂直分割，如果不需要分割就选择“取消”。

图 3 －7　分割图片

(9)选择“裁剪图片”，此时编辑区将如图 3 －8 所示，在图片上会有一个虚线框，用于选择要裁剪的区域，右上角出现功能条。“裁剪”是保留虚线框的内容，其它内容删除；“剪切”是剪切掉虚线框的内容，而保留其它内容；“复制”要配合“粘贴”命令使用，将会产生与虚线框一模一样的内容。

图 3 －8　裁剪图片

(10)选择“交互样式”，将弹出如图3-9所示的“设置交互样式”编辑窗口。通过这个窗口可以设置“鼠标悬停时”“鼠标按键按下时”“选中”“禁用”四种交互状态下图片的显示样式。

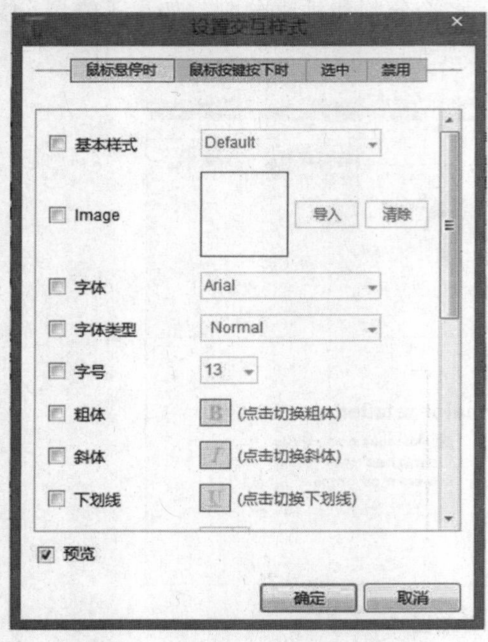

图3-9　设置交互样式

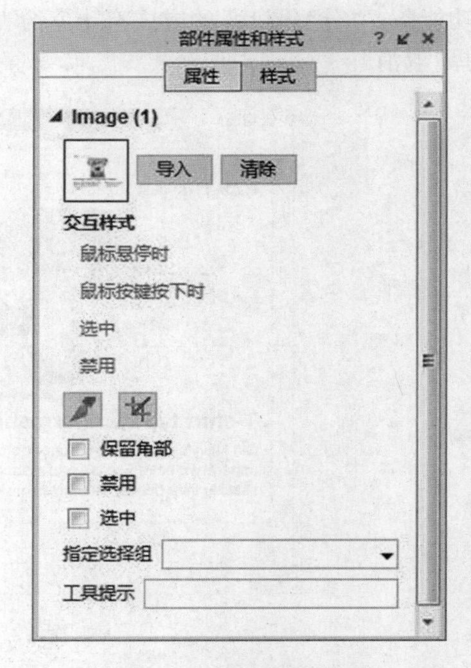

图3-10　部件属性和样式

(11)“图片部件”还可以配合“部件属性和样式”面板进行以上的操作，如图3-10所示。

【例3-1】　图片部件的应用。

(1)拖动一个“图片部件”到页面的编辑区，并按素材大小导入“第3章/apple. png”图片素材，如图3-11所示。

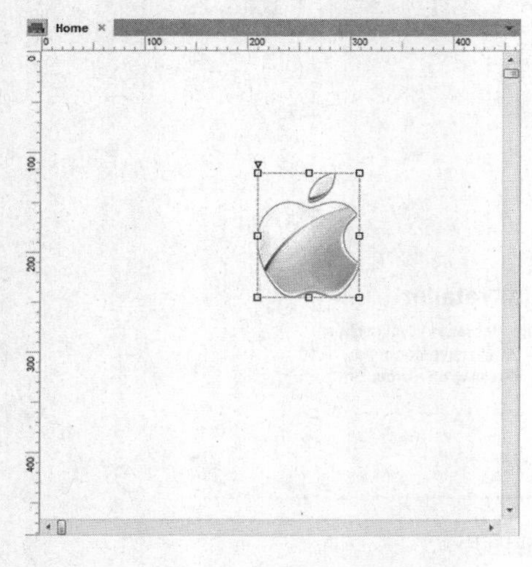

图3-11　导入图片

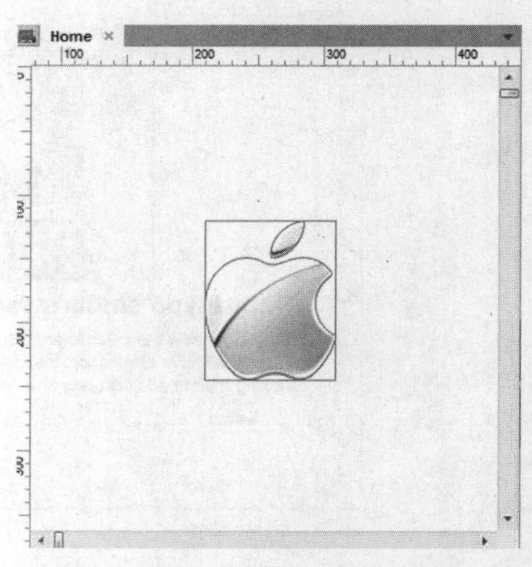

图3-12　添加线框

(2)选择“工具栏”中的“线条颜色”按钮，选择颜色#999999；点击“线宽”按钮，选择最细线宽；点击“线条样式”按钮，选择实线，此时会给图片部件增加一个如图3－12所示的线框。

(3)选中“图片部件”，此时在部件的左上角会出现一个黄色小三角，通过拖动这个小三角，可以改变线框的圆角度。拖动小三角改变角度为7，效果如图3－13所示。

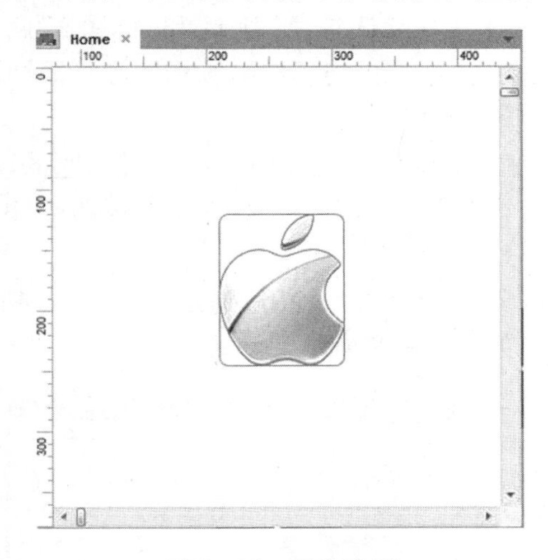

图3－13　圆角边框

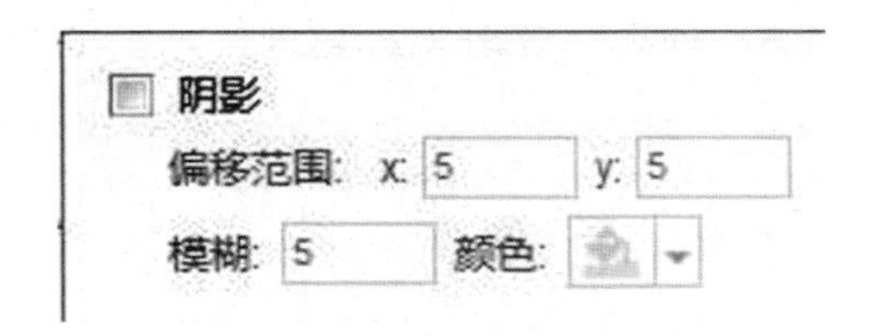

图3－14　阴影样式设置

(4)选中“图片部件”，在“部件属性和样式”面板中选择“样式”中的“外部阴影”按钮，此时出现如图3－14所示设置窗口。

①阴影：勾选该项，所选部件会有阴影产生。

②偏移范围：只有勾选了“阴影”，此项才有作用。设置阴影的方向。

③模糊：只有勾选了“阴影”，此项才有作用。设置阴影的清晰度。

④颜色：只有勾选了“阴影”，此项才有作用。设置阴影的颜色。

本例勾选“阴影”后，其它选项使用默认值，效果如图3－15所示。

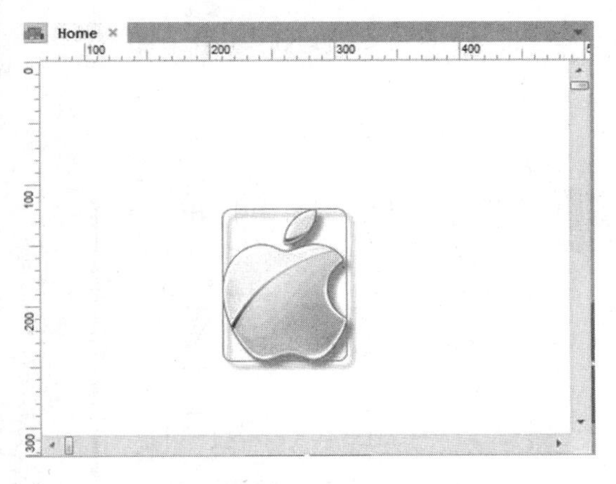

图3－15　阴影样式效果

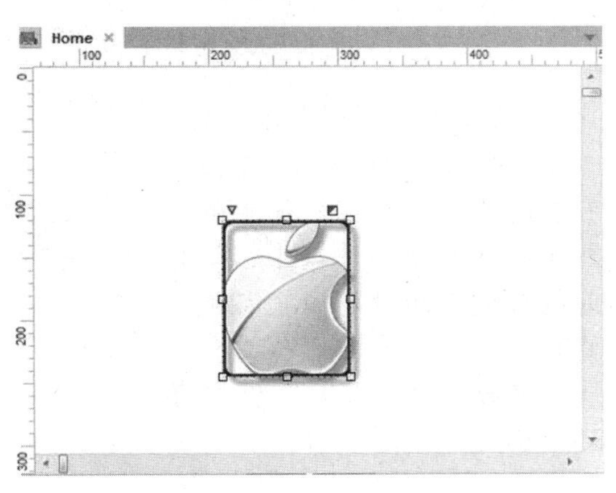

图3－16　交互样式

(5)选中“图片部件”，右击鼠标选择“交互样式”或是在“部件属性和样式”面板中选择“属性”的“交互样式”，设置“鼠标悬停时”：线条颜色为#000000，线宽为3。此时“图片部件”右上角会出现一个小方块，鼠标点击小方块就会出现如图3－16所示的交互样式。

2. 标题部件

标题部件用于在页面中显示标题文字。Axure RP 7.0 默认有“标题1”和“标题2”两个标题部件，可以通过编辑对该部件文字的格式随意更改，设定不同等级标题和不同样式。

学习过HTML语言的读者都应该熟悉“h”标签，这个标签是在网页中定义标题的，根据标题的大小从h1～h6，数字越大字体越小。下面通过Axure RP软件中的标题部件来制作这6级标题。

首先，从部件库中拖动6次“标题1”或“标题2 ”到编辑区，然后通过“工具栏”中的按钮对标题进行对齐和分布排列，如图3－17所示。

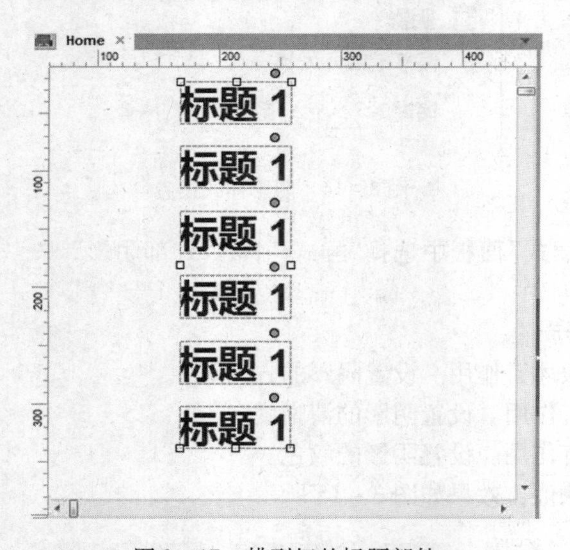

图3－17　排列好的标题部件

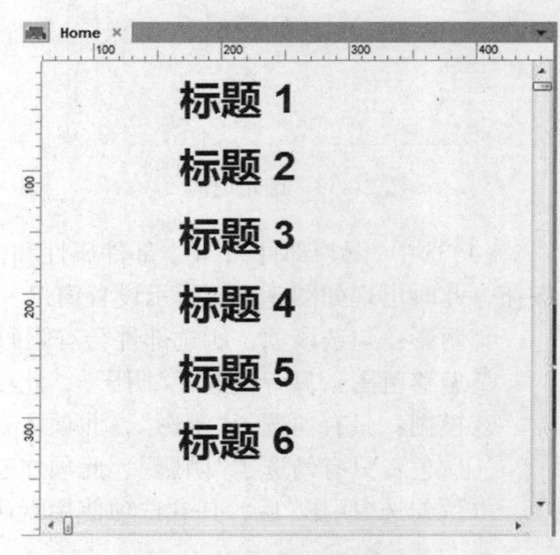

图3－18　文字修改后的标题部件

然后，双击各标题进行文字的修改，如图3－18所示。

最后，从“标题2”开始点击右上角的实心圆，在弹出的如图3－19所示的选项中选择相应的标题等级就可以把各标题修改好。

修改好的各级标题如图3－20所示。

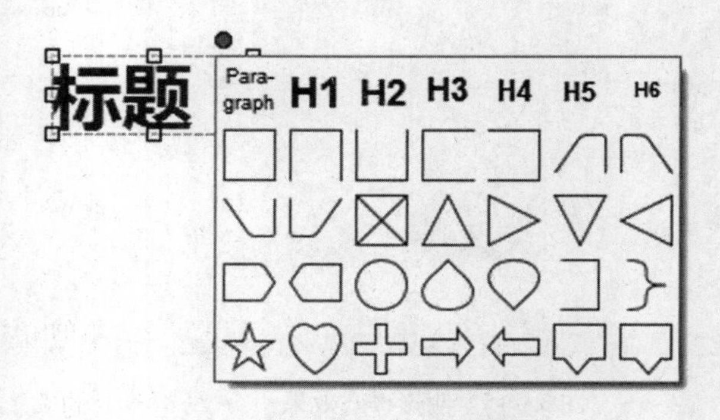

图3－19　修改选项

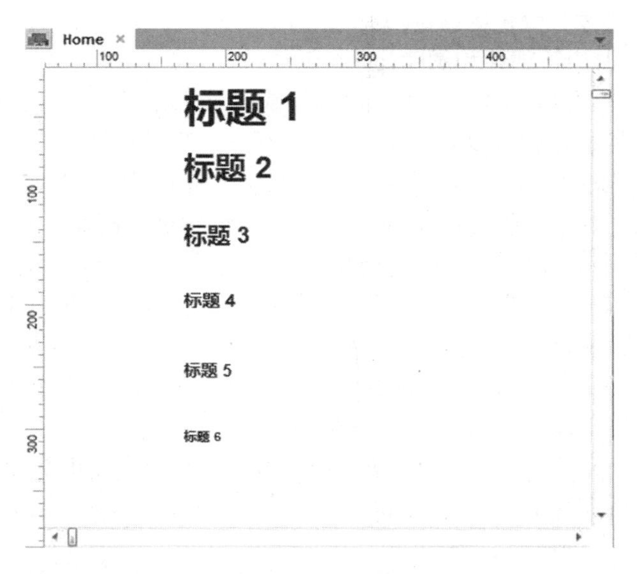

图 3－20　各级标题

3. 文本部件

原型中文本的设计需要使用“文本部件”。“文本部件”分为“单行文本”和“多行文本”，如果只需输入一行文本内容时选择“单行文本”；如果需要输入多行文本内容时选择“多行文本”。

拖动“文本部件”到编辑区，双击后就可以对文本进行编辑，如图 3－21 所示。

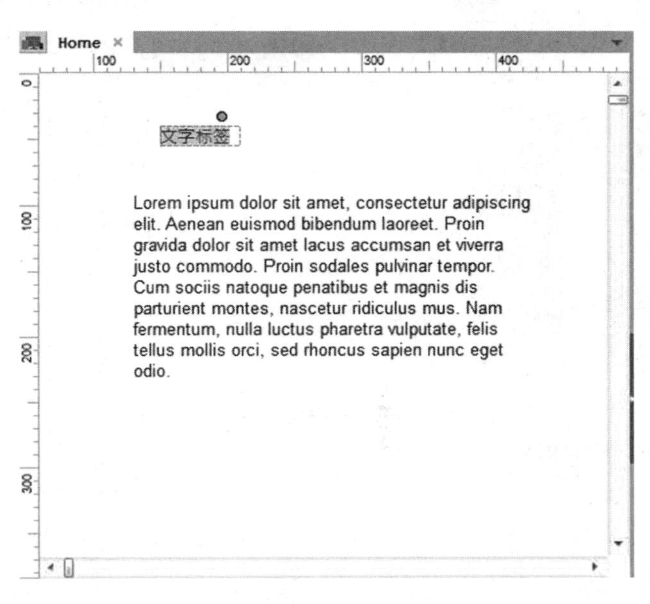

图 3－21　文本的编辑

编辑好文本内容后，可以通过“工具栏”中的文本设置工具对文字的格式随意更改，设定不同的字体、尺寸、颜色等。

4. 矩形部件、占位符部件和圆角矩形

在 Axure RP 中矩形部件非常有用，可以完成以下工作：

①页面模块背景色，就可以是一个填充了颜色的“矩形部件”。

②页面上有边框的区域，就可以是一个填充为透明的“矩形部件”。

③导航、按钮，也可以通过改变“矩形部件”的形状进行制作。

“占位符部件”是在制作原型时想表达页面区域某个位置放什么内容，当还没有具体内容时，可以先放一个“占位符部件”，在该部件上注明，就能让其他人明白这个位置放置的元素了。

“圆角矩形”能够方便绘制操作按钮，结合了“按钮部件”和“矩形部件”的优点。主要用来制作各种形状的按钮、菜单或页签等。

“矩形部件”“占位符部件”“圆角矩形”同样可以通过右上角的实心圆相互进行转换，或变换为其它元素、图形。因此，下面主要介绍“矩形部件”的操作。

【例 3－2】 矩形部件的应用。

(1)拖动一个“矩形部件”到页面的编辑区，设置“矩形部件”的宽为 120 像素，高为 50 像素。

(2)选中“矩形部件”，点击“工具栏”中的“填充颜色”按钮，设置如图 3－22 所示的#000000 到#CCCCCC 的渐变颜色；并设置“线条颜色”为无。

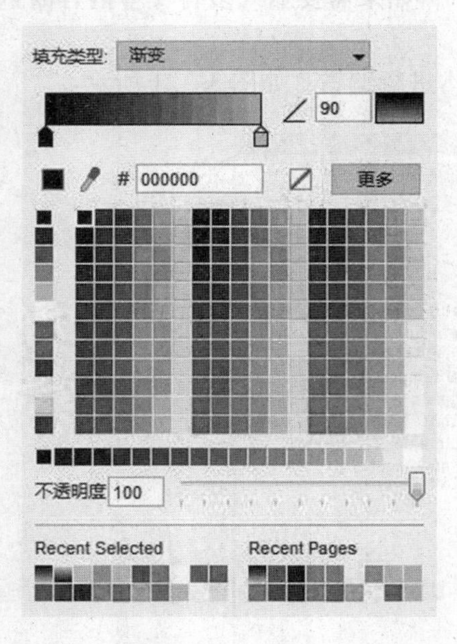

图 3－22 调色板

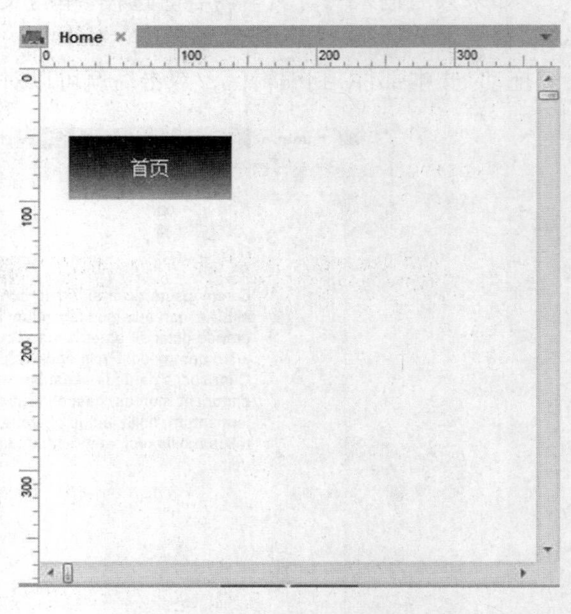

图 3－23 添加文字的矩形部件

(3)双击“矩形部件”添加“首页”文字，并设计字体为宋体、14 号、白色，如图 3－23所示。

(4)选中“矩形部件”，点击右上角实心圆，改变矩形为□形状；变调整圆角度为

7，效果如图 3－24 所示。

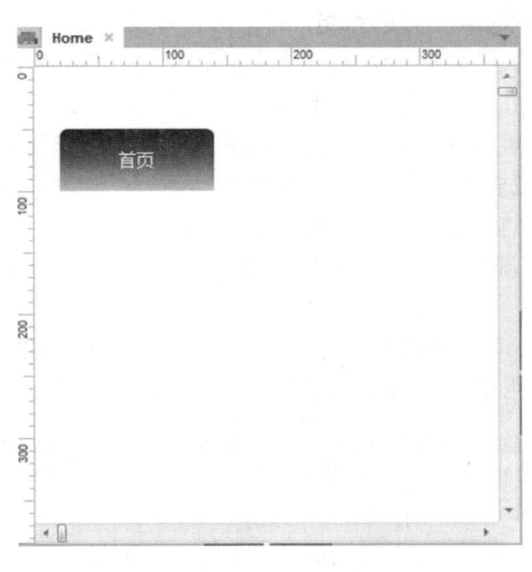

图 3－24 “首页”按钮

（5）右击“首页”按钮，选择“交互样式”，设置“鼠标悬停时”字体颜色变为#999999。

（6）选中“首页”按钮，分别复制出五个，然后依次修改文本为“公司介绍”“产品展示”“新品发布”“联系我们”，再通过“工具栏”上的对齐、分布工具进行对齐排列，这样，使用“矩形部件”设计的导航条就完成了，效果如图 3－25 所示。

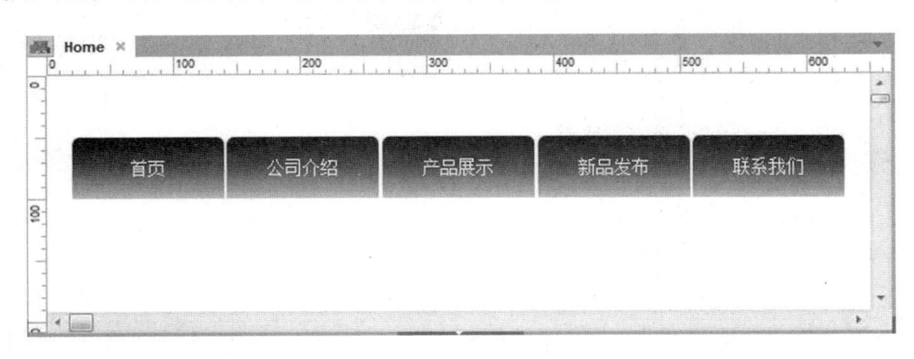

图 3－25 导航条

5. 水平线部件和垂直线部件

“水平线部件”和“垂直线部件”是两个很灵活的部件，可以用来设置一条水平线或者垂直线，在页面中可以起到分割区域的作用。

可以利用“工具栏”中的“线条颜色”、“线宽”、“线条样式”和“箭头样式”对“水平线部件”和“垂直线部件”进行编辑。

6. 图片热区部件

图片热区，即在一张图片上划分出来的、可以单独进行操作的区域。例如一张合影，要实现点击每个人物链接到该人物的个人主页，这就需要在这张合影图片上把每个人物区域划分出来，再进行链接操作。

在原型设计中要完成以上操作就必须使用"图片热区部件"。同时，"图片热区部件"还可以用来设计隐藏操作区域。

【例3-3】 "图片热区部件"的应用。

(1)拖动一个"图片部件"到页面的编辑区，并按素材大小导入"第3章/日历.jpg"图片素材。

(2)拖动"图片热区部件"覆盖到"日历.jpg"的4号区域，通过四周的手柄调整好热区的大小，如图3-26所示。

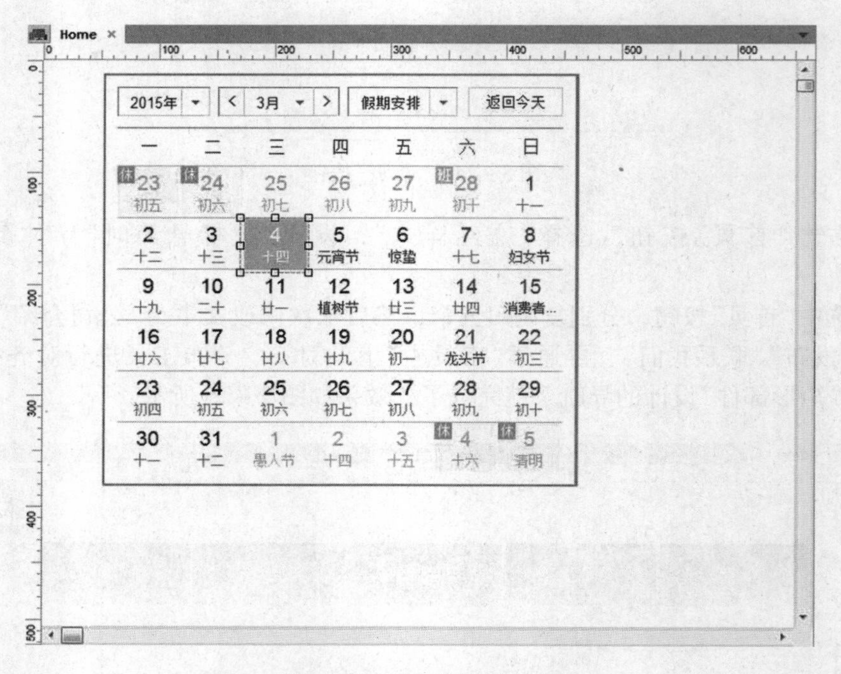

图3-26 添加"图片热区"

(3)选中"图片热区部件"，在"部件属性和样式"面板中选择"属性"，如图3-27所示。"工具提示"：鼠标移入热区时显示的提示信息。本例输入"点击显示黄历"。

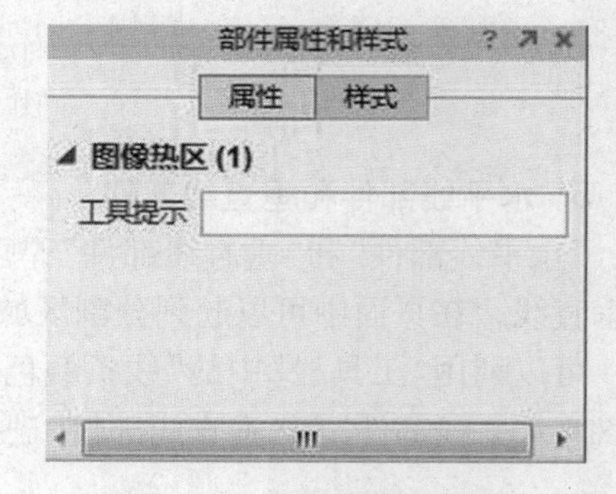

图3-27 "图片热区"属性

（4）按 F5 键预览，效果如图 3－28 所示。

图 3－28 “图片热区”提示信息

“图片热区”主要是配合图片或某区域完成一些交互操作，这部分内容将在后面详述。

7. 动态面板部件

“动态面板部件”是 Axure RP 中功能十分强大的部件，也是唯一一个可以包含其它部件的部件。“动态面板部件”主要有以下几个作用：

（1）更加轻松地进行控件的变化、移动和交互。

（2）可以根据不同的情况，显示不同的状态。

通过“动态面板部件”的作用可以知道，“动态面板部件”主要用在制作原型的动态交互效果上，所以“动态面板部件”的详细操作将在后面结合“部件交互”的内容一起介绍。

8. 内部框架部件

在 HTML 网页代码中有一个 iframe 标签，而 Axure RP 中的“内部框架部件”就是实现 iframe 标签创建包含另外一个文档的内联框架，在页面中嵌入不同页面内容的效果。具体操作如下：

（1）拖动一个“内部框架部件”到编辑区，如图 3－29 所示。

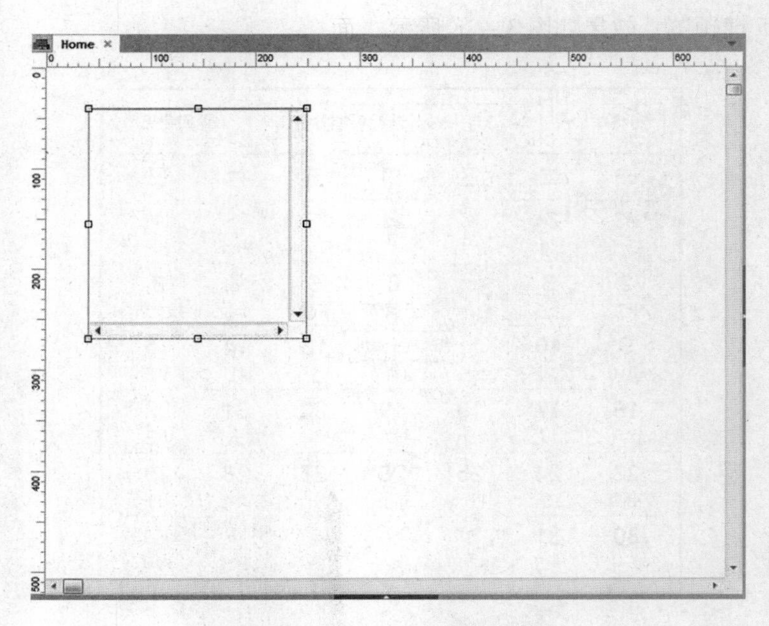

图 3－29　插入“内部框架部件”

（2）根据要显示内容的大小可以通过“内部框架部件”四周的 8 个手柄调整“内部框架部件”的大小。

（3）选择“内部框架部件”右击鼠标，弹出如图 3－30 所示菜单。

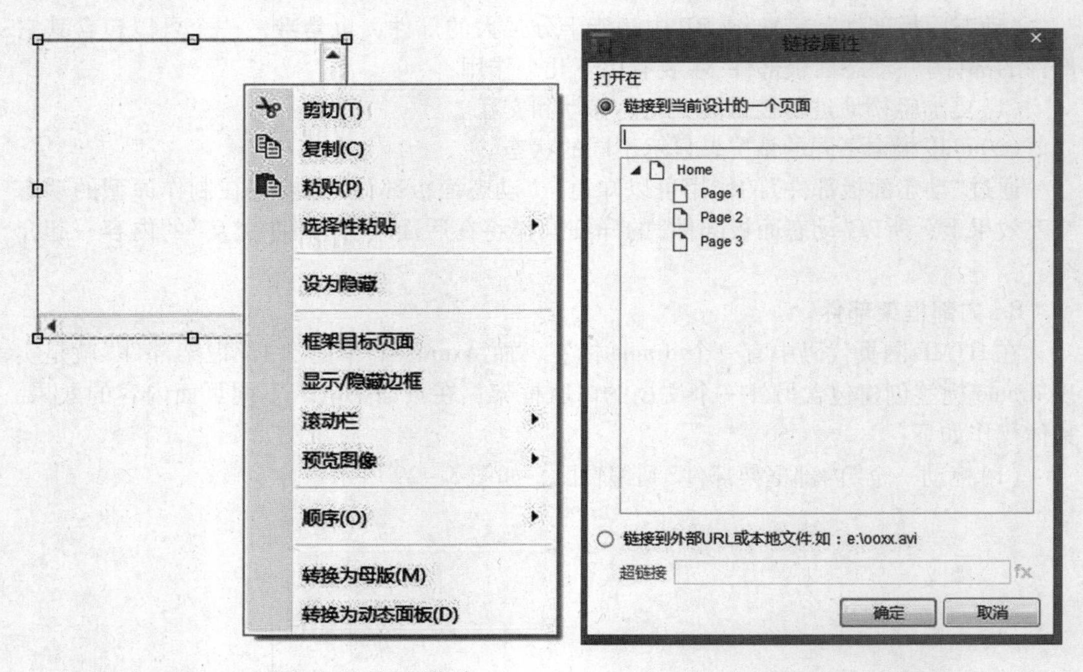

图 3－30　“内部框架部件”子菜单

图 3－31　框架的“链接属性”

①框架目标页面：指定在框架中打开的页面，点击后出现如图 3－31 所示的“链接属性”。

②显示/隐藏边框：显示/隐藏框架的边框。默认显示边框，点击后隐藏边框。

③滚动栏：设置框架是否显示滚动栏。有三个选项：按需显示横向或纵向滚动条、总是显示滚动条、从不显示横向或纵向滚动条。

【例 3－4】 制作手机滚屏效果。

（1）拖动一个“图片部件”到页面的编辑区，并按素材大小导入“第 3 章/u0. png”图片素材。

（2）拖动“内部框架部件”放置在手机内部空白处，调整“内部框架部件”大小与手机内部空白大小一致，并设置“隐藏边框”和“总需显示滚动条”，如图 3－32 所示。

图 3－32 滚动屏界面

图 3－33 内部框架边框效果

（3）拖动右边框和下边框至屏幕外面，如图 3－33 所示。

（4）在“站点地图”打开 Page1 的页面，纵向放置“第 3 章”文件夹下 u2. png、u4. png、u6. png 三张图片素材。三张图片素材，要求宽度为手机屏宽 320 像素，高度大于一屏（即大于手机屏幕的高度）。此页内容要求 X，Y 均为 0 处，如图 3－34 所示。

图 3－34　内部框架链接页效果

(5)返回 Home 页面，右击内部框架部件，在“框架目标页面”中选择 Page 1。

(6)此时，预览的效果如图 3－35 所示。

图 3－35　链接页面后效果

(7)分别导入右边和下边两条黑边素材，遮挡住框架部件的滚动条。

(8)保存后预览，效果如图3－36所示。

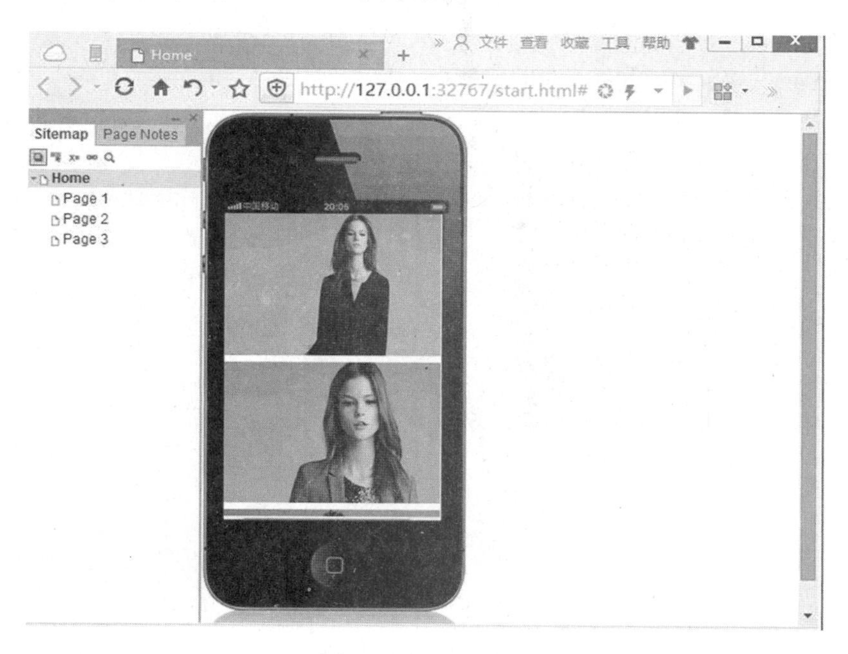

图3－36 最终效果

9. 中继器部件

中继器(英文名 Repeater)是 Axure RP 7.0 以后推出的新功能，是目前为止 Axure RP 最复杂的功能，学习它有助于快速设计一些复杂的交互界面。“中继器部件”的详细操作将在后面结合“部件交互”的内容一起介绍。

3.1.2 表单部件

1. 文本框部件

“文本框部件”是我们经常用到的部件，在所有常见的页面中用来接受用户输入的数据。根据用户输入数据的长短、多少分为单行文本框和多行文本框，在制作原型时经常会用“文本框部件”作为输入框。

【例3－5】 利用“文本框部件”制作如图3－37所示效果。

(1)拖动一个“矩形部件”到编辑区，调整到合适大小，设置填充颜色为#0099FF。

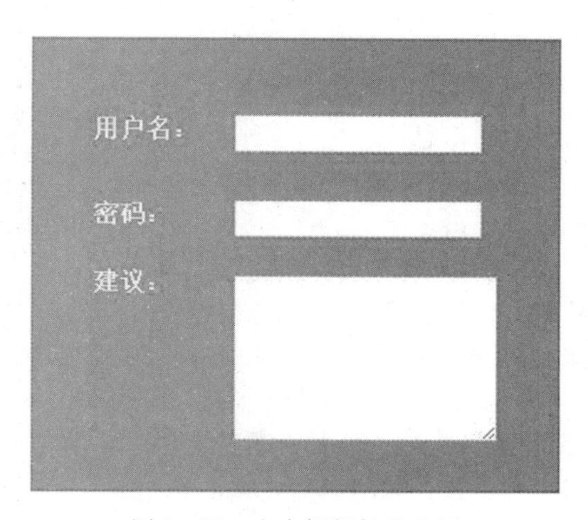

图3－37 文本框部件的应用

(2)拖动一个“单行文本部件”到“矩形部件”相应位置，输入“用户名”，宋体、16号、#FFFF00。

(3)拖动一个“文本框(单行)”到“用户名”后面，如图3－38所示。

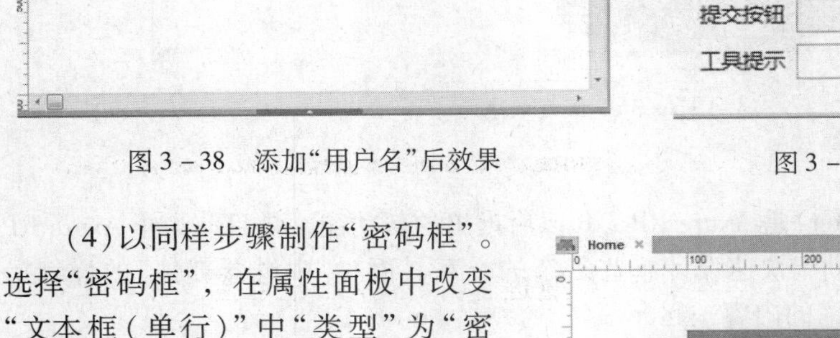

图3－38　添加“用户名”后效果

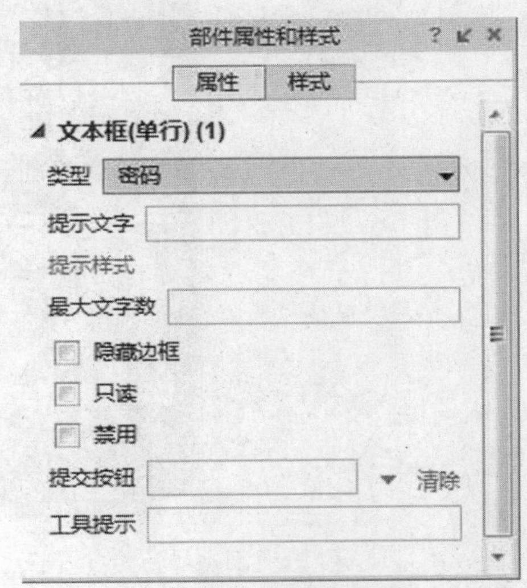

图3－39　“文本框”属性

(4)以同样步骤制作“密码框”。选择“密码框”，在属性面板中改变“文本框(单行)”中“类型”为“密码”，如图3－39所示。

①类型：根据“文本框”中输入的信息数据类型选择相应类型。

②提示文字：“文本框部件”中初始显示的信息。

③最大文字数：“文本框部件”中可以输入最多字数。

(5)拖动一个“文本部件”到“矩形部件”相应位置，输入“建议”、宋体、16号、#FFFF00。

(6)拖动一个“文本框(多行)部件”到“建议”文本后面，调整合适的大小和位置，如图3－40所示。

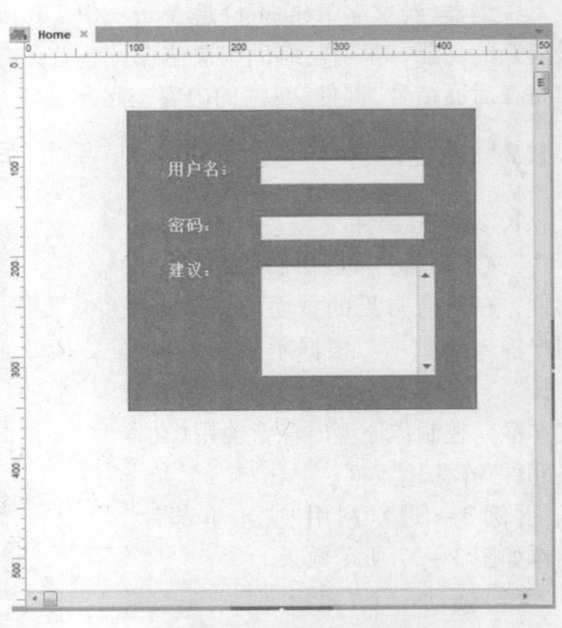

图3－40　添加“建议”后效果

2. 下拉列表框部件

下拉列表框是每次在页面上只显示一个下拉列表，并且只能选择下拉表中的一个选择项。

【例3－6】“下拉列表框部件”的应用。在例3－5的基础上增加“学历”一项，通过“学历”下拉列表进行学历的选择，如图3－41所示。

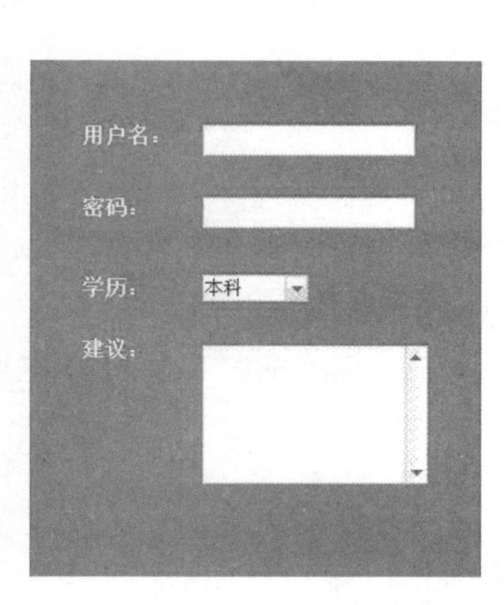

图3－41 “下拉列表框”效果

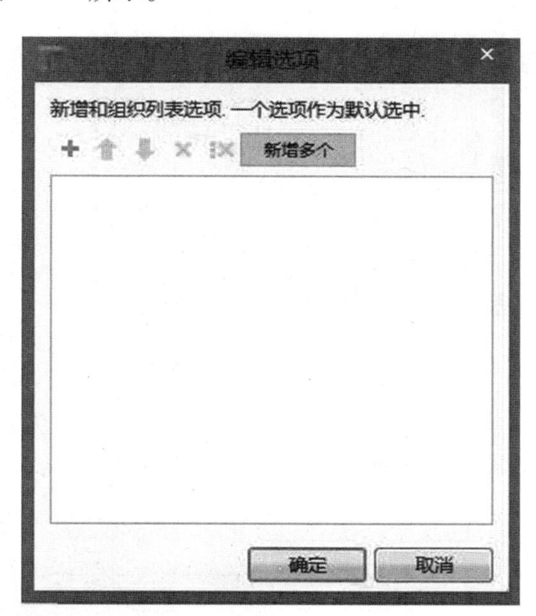

图3－42 “下拉列表框”编辑选项

(1)对例3－5中的矩形框大小和各项的位置进行适当调整。然后在“密码”下放入“学历”文本框。

(2)拖动一个“下拉列表框部件”到“学历”后面，双击“下拉列表框部件”弹出如图3－42所示“编辑选项”。

① ✚：新增一个下拉列表项。

② ⇧：升高某个下拉列表项的位置。

③ ⇩：降低某个下拉列表项的位置。

④ ✕：删除选中的下拉列表项。

⑤ ⁞✕：删除所有选中的下拉列表项。

⑥ 新增多个：同时新增多个下拉列表项。

(3)单击“新增多个”按钮，在弹出的“新增多个”窗口中，每行分别输入：小学、初中、高中、本科、硕士、博士，如图3－43所示。点击“确定”按钮，将显示如图3－44所示窗口。

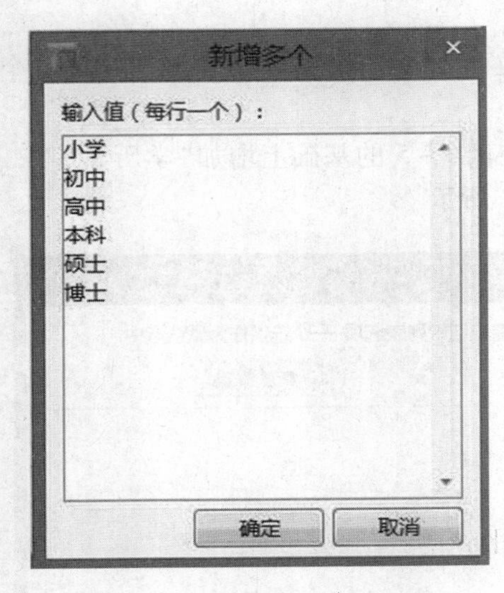

图3-43 新增多个下拉列表项

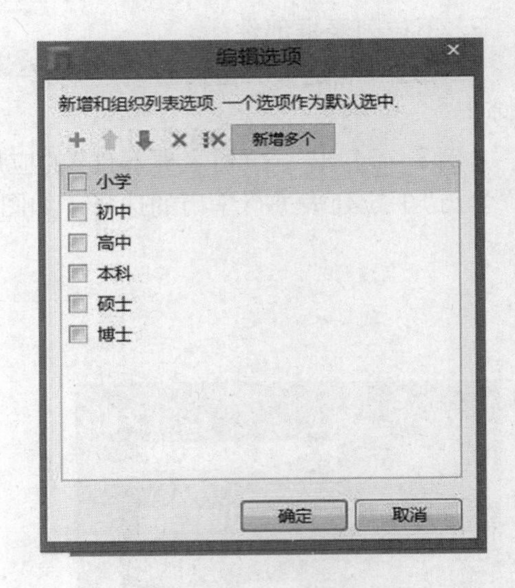

图3-44 编辑选项

(4)在“编辑选项”中选择“本科”项作为默认选项后，点击“确定”按钮，编辑区效果如图3-45所示。

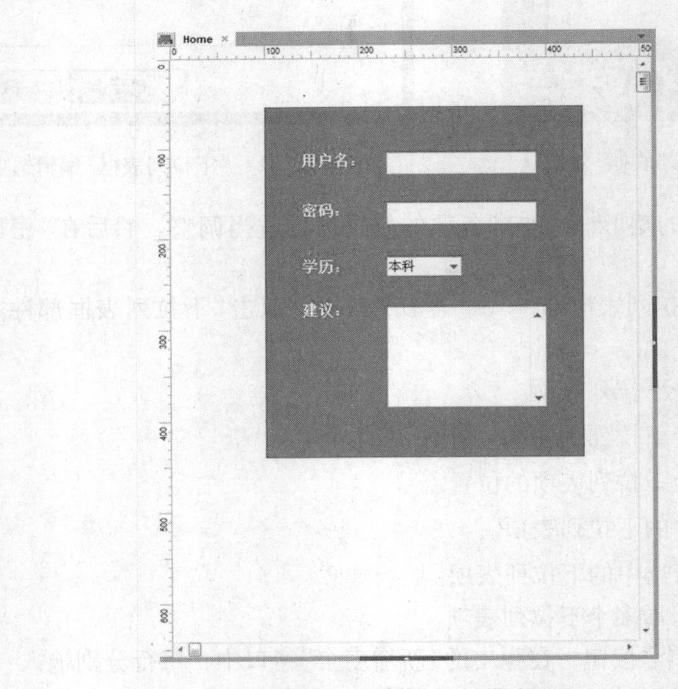

图3-45 编辑好的“下拉列表”

(5)双击“下拉列表”或是通过“下拉列表”的属性面板都可以对“下拉列表”进行修改和编辑。

3. 列表选择框部件

列表选择框是可以一次显示多个选择项，并选择多个选项的部件。具体操作步骤如下。

(1)拖动一个"列表选择框部件"到编辑区，此时编辑区界面如图 3－46 所示。

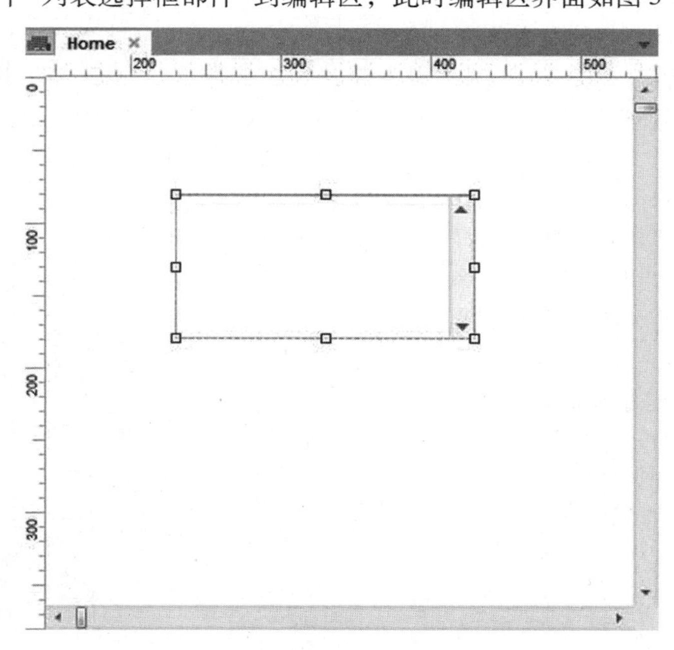

图 3－46 添加"列表选择框部件"

(2)双击"列表选择框部件"或点击"属性"中的"列表项"一栏，此时将弹出与图 3－42一样的"编辑选项"窗口。

(3)"列表选择框部件"的选项编辑与"下拉列表框部件"一样，只是要点击选择左下角的"默认允许选中多个项"，如图 3－47 所示。

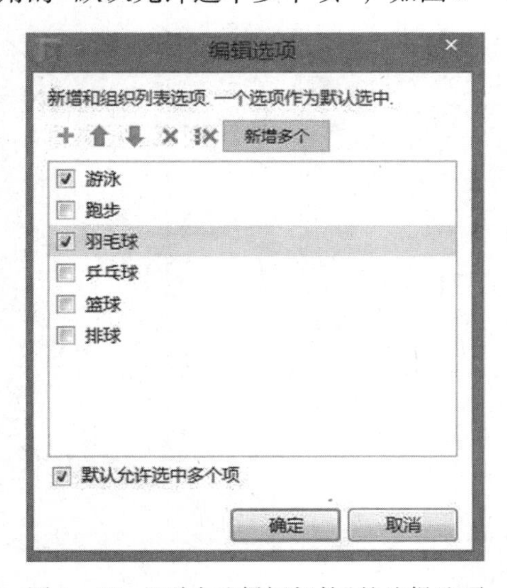

图 3－47 "列表选择框部件"的编辑选项

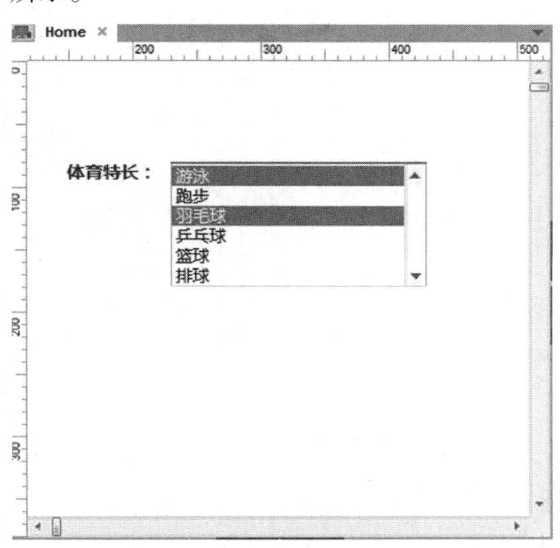

图 3－48 编辑好的"列表选择框部件"

(4)编辑好选项后，点击“确定”按钮，编辑区就会显示如图 3－48 所示的效果。

(5)修改编辑项的方法与“下拉列表框部件”一样。

4. 复选框、单选框和 HTML 按钮

复选框和单选框部件是表单原型中最常用到的两个部件。复选框，让用户从多个选项中选择多个内容；单选框，让用户从多个选项中选择单个内容。HTML 按钮，就是系统默认的表单按钮样式，HTML 按钮的格式取决于浏览原型的操作系统中的浏览器；只能设置大小，编辑文字，不能自定义样式。如果要“自定义”按钮，一般使用“矩形部件”进行按钮的设计。

【例 3－7】 “用户注册”的应用，效果如图 3－49 所示。

(1)拖动一个“矩形部件”到编辑区，调整到合适的大小，设置背景颜色为#CCCCCC。

(2)拖动一个“矩形部件”放置在上一个“矩形部件”上方，调整到合适的大小，并设置为无下边的圆角矩形，然后在该“矩形部件”中输入“用户注册”文字，如图 3－50 所示。

(3)拖动一个“单行文本部件”到灰色矩形区域，输入“用户名:”文字；然后再拖动一个“文本框(单行)部件”放置在“用户名:”后面，并在

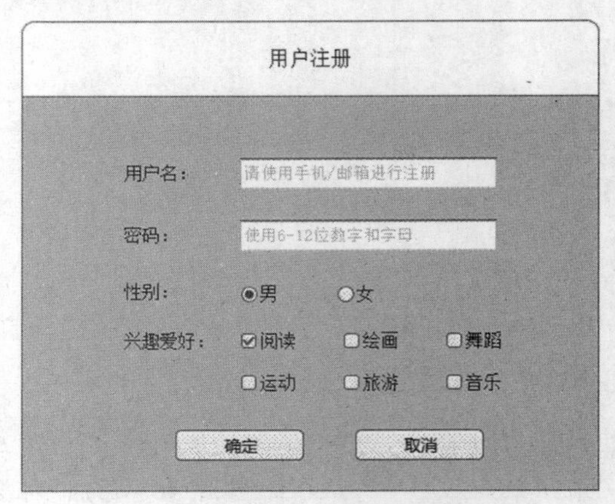

图 3－49　例 3－7 效果

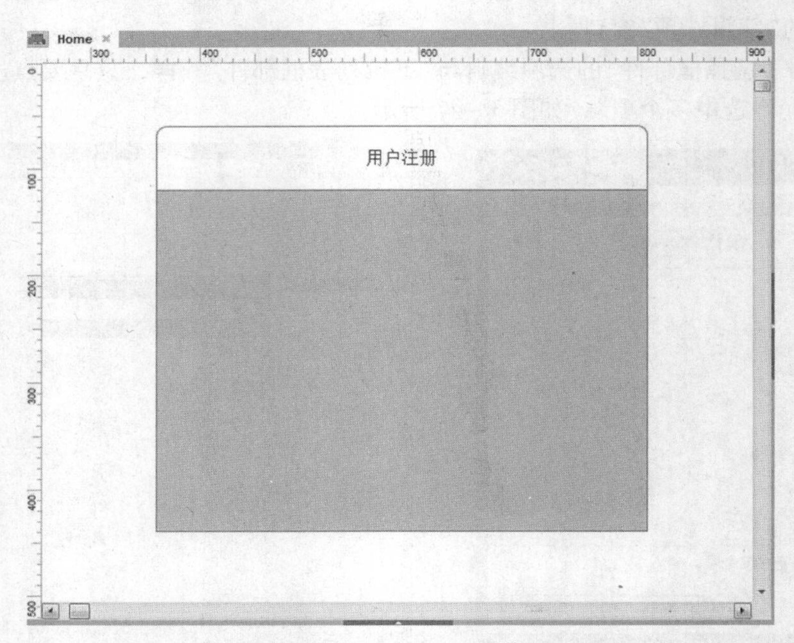

图 3－50　背景效果

“属性面板”的“提示文字”中输入“请使用手机/邮箱进行注册”，如图 3－51 所示。

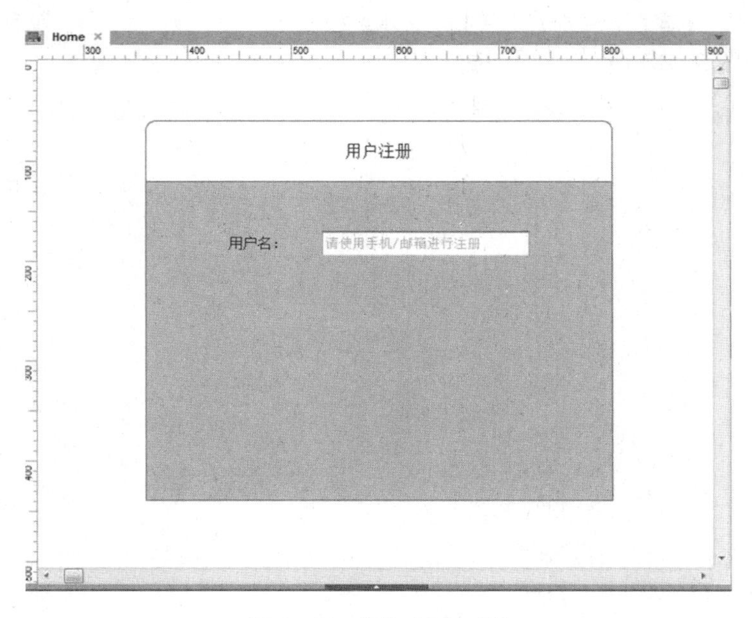

图 3－51　添加“用户名”

(4)拖动一个“单行文本部件”到灰色矩形区域，输入“密码:”文字；然后再拖动一个“文本框(单行)部件”放置在“密码:”后面，并在“属性面板”中将“类型”设置为“密码”，在“提示文字”中输入“使用 6～12 位数字和字母”，如图 3－52 所示。

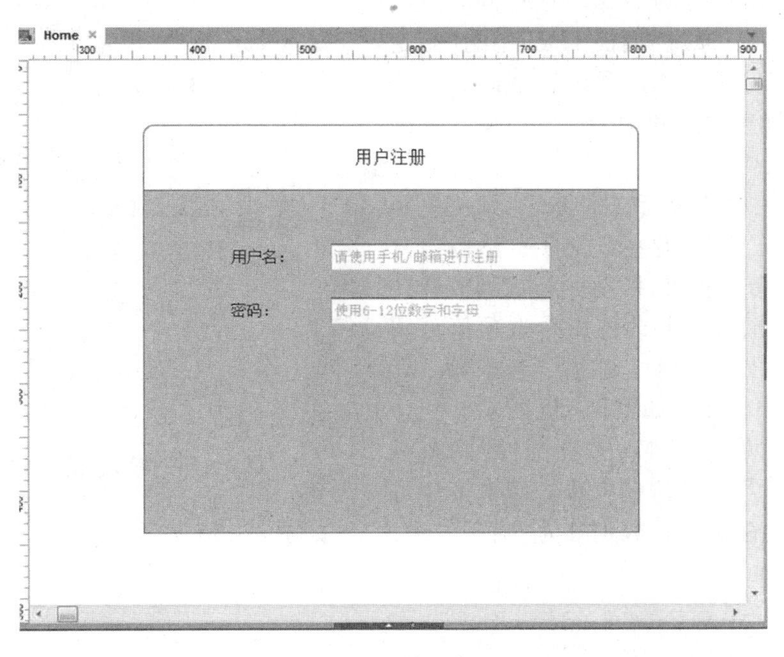

图 3－52　添加“密码”

(5)拖动一个“单行文本部件”到灰色矩形区域，输入“性别:”文字；然后再拖动两个“单选框部件”放置在“性别:”后面，并分别设置文字为“男”“女”，默认“男”选项为选中状态，如图3－53所示。

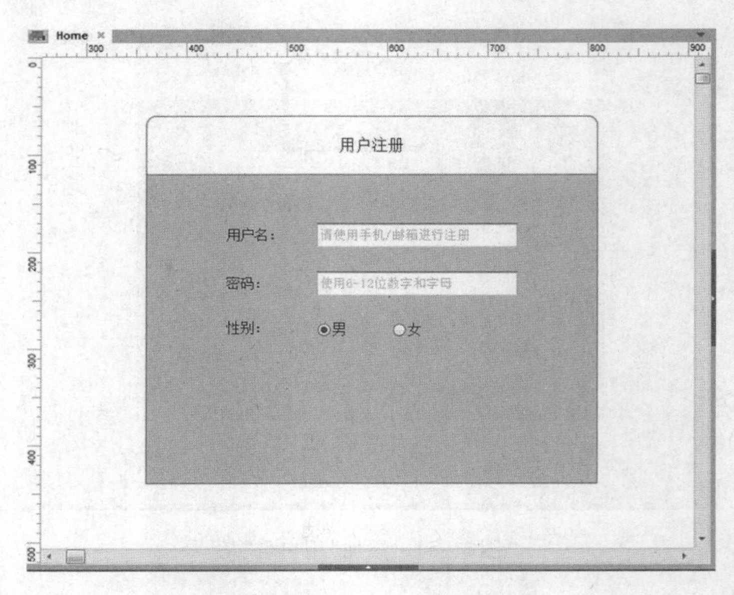

图3－53　添加“性别”

(6)预览原型时，“单选框部件”将不能实现单选的功能，必须在编辑区中同时选中“男”“女”选项，通过“属性面板”中的“指定单选按钮组”将所有单选项设置在同一个选项组中，这样选项之间才会相互排斥，如图3－54所示。

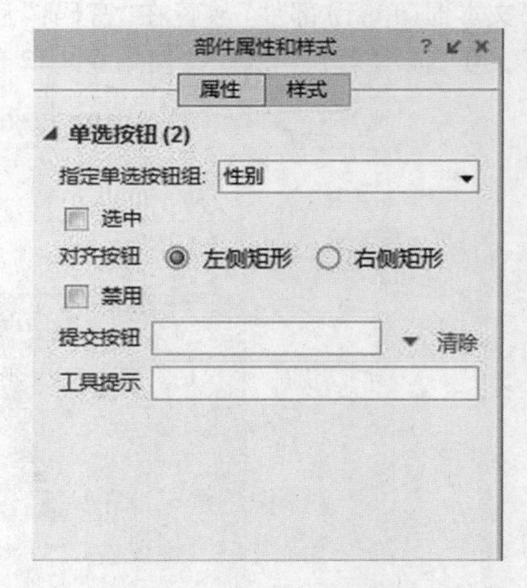

图3－54　指定单选按钮组

(7)拖动一个“单行文本部件”到灰色矩形区域，输入“兴趣爱好:”文字；然后再分别拖动六个“复选框部件”分两行三列放置在“兴趣爱好:”后面，并改变每个选项值为阅读、绘画、舞蹈、运动、旅游、音乐等。默认“阅读”选中状态，如图3－55所示。

(8)拖动两个“HTML按钮部件”到灰色矩形区域，适当调整按钮大小。双击按钮可以修改按钮上的文字，分别改为“确定”“取消”，如图3－56所示。

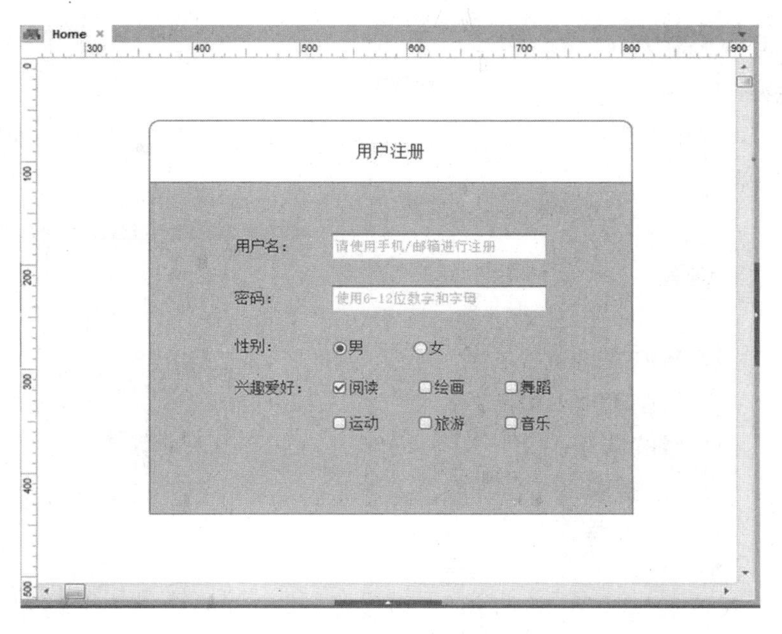

图 3－55　添加“兴趣爱好”

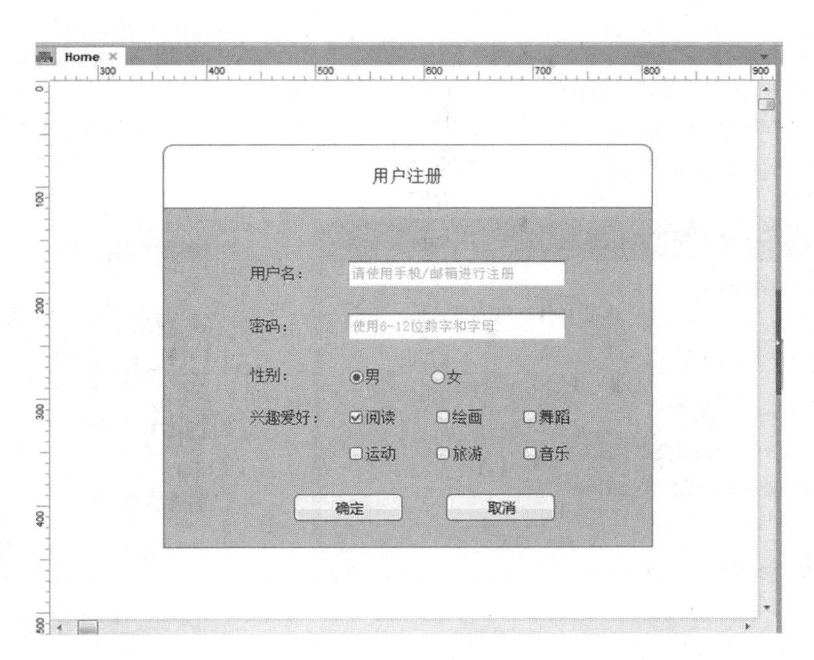

图 3－56　添加按钮

3.1.3 菜单与表格部件

1. 树部件

“树部件”可以用来模拟一个文件的浏览器，经常用在表达结构上，如图 3－57 所示，具体操作如下。

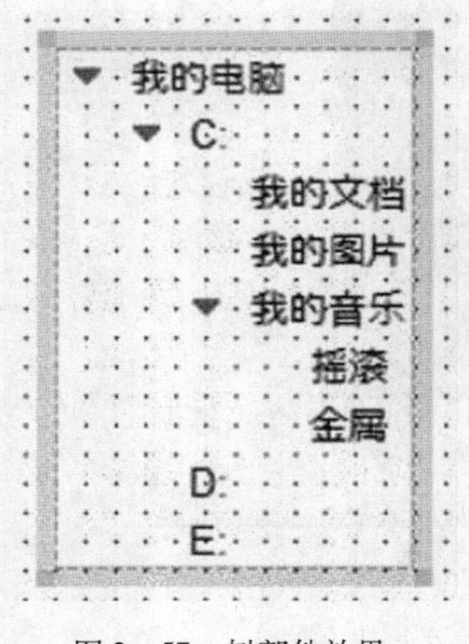

图 3－57 树部件效果

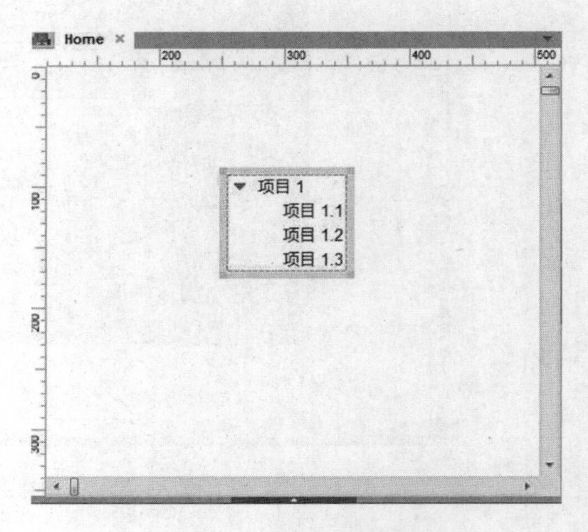

图 3－58 添加“树部件”

(1)拖动一个“树部件”到编辑区，如图 3－58 所示。

(2)右击“树部件”选择“编辑树属性”，将弹出“树属性”面板，如图 3－59 所示。通过“树属性”面板可以修改“展开/折叠图标”。

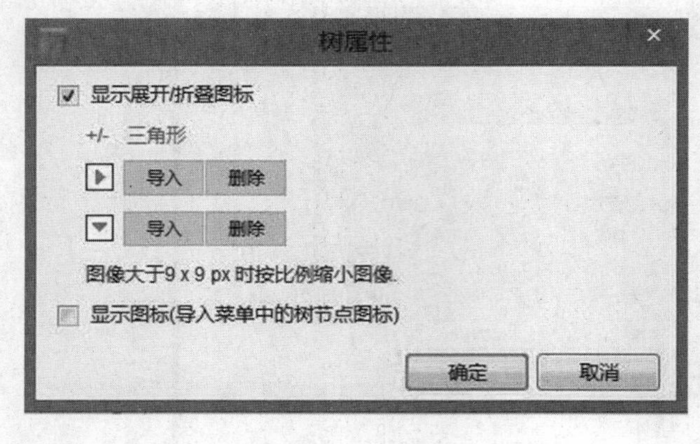

图 3－59 树属性

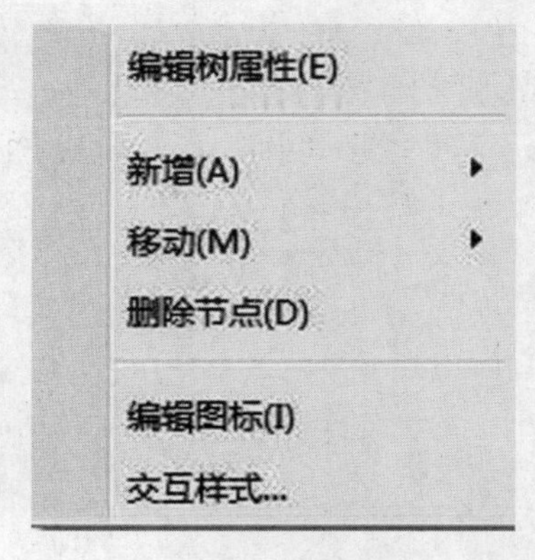

图 3－60 树部件子菜单

(3)选中“树部件”某个选项，右击弹出菜单如图 3－60 所示。

①“新增”：通过该命令可以新增当前选项的子项，或是在当前选项前后再增加选项。

②“移动”：通过该命令可以改变当前选项的位置或层次。

③“删除节点”：通过该命令可以删除不要的选项。

(4)双击项目可以修改项目名称。

2. 表格部件

在页面上显示表格化数据的时候，最好使用“表格部件”。“表格部件”的操作比较简单，如同 Excel 表格，包括插入行、列或删除行、列等。

(1)拖动一个“表格部件”到编辑区，如图 3－61 所示。

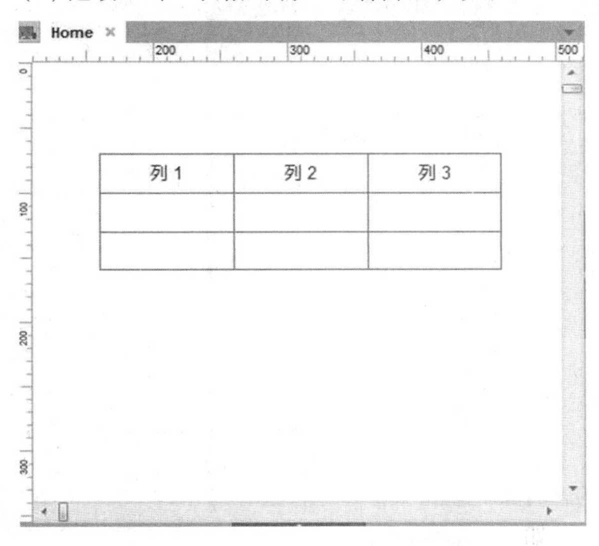

图 3－61　插入“表格部件”

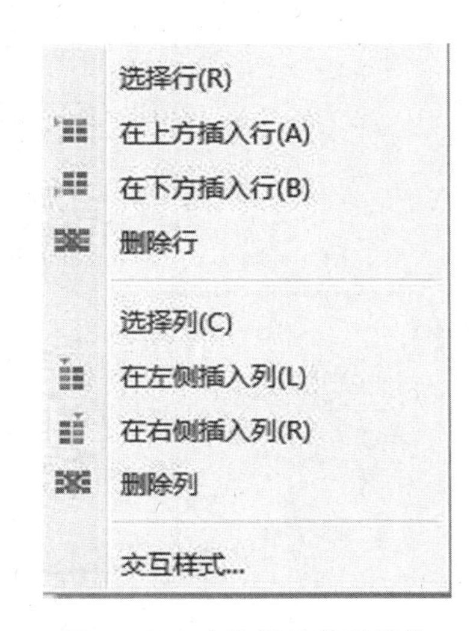

图 3－62　表格部件的子菜单

(2)双击某个单元格，就可以输入相应文字。

(3)选择某个单元格，右击后弹出如图 3－62 所示菜单，可通过该菜单插入行、列或删除行、列。

(4)选择“表格部件”的某行或某列时，右击也可以对行或列进行操作，如图 3－63 和图 3－64 所示。

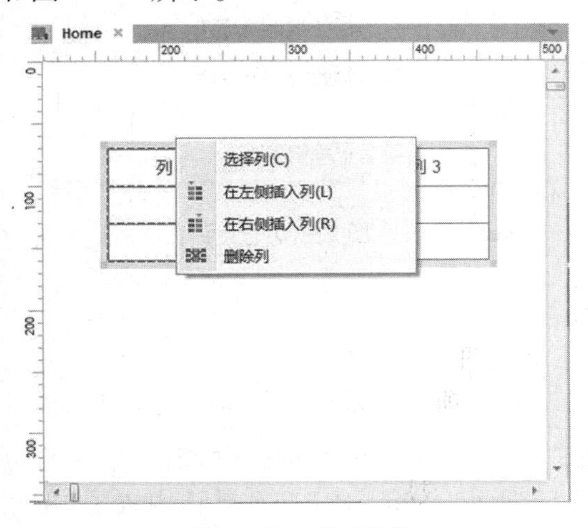

图 3－63　列的操作

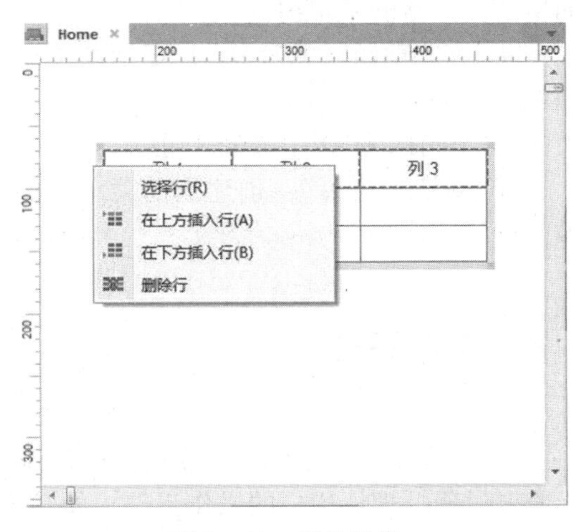

图 3－64　行的操作

3. 菜单部件

“菜单部件”可以迅速创建一个多级别的、垂直或水平的菜单。两种菜单的操作是一样的，下面以水平的菜单操作为例。

(1)拖动一个“菜单－水平部件”到编辑区，初始菜单只有三个按钮选项，双击每个按钮可以修改按钮的名称，如图3－65所示。

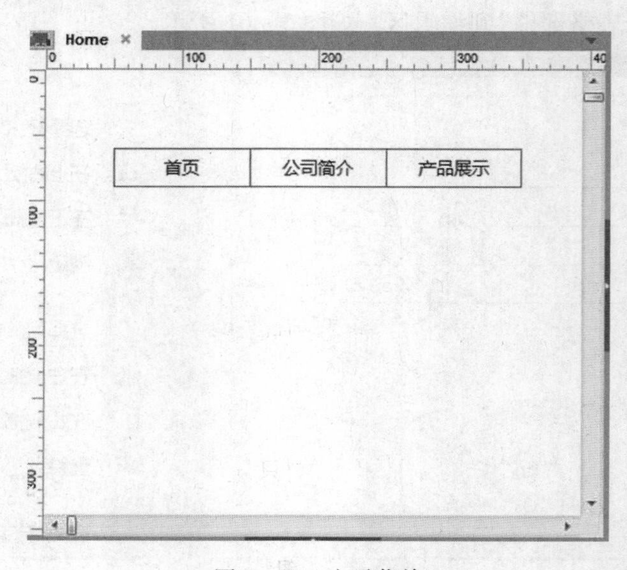

图3－65　水平菜单

(2)选中某选项，右击鼠标弹出子菜单，如图3－66所示。

①“编辑菜单边距”：可以设置菜单的边距。

②“交互样式”：设置选项的交互样式。

③“在之后新增菜单项”：在当前菜单项后面增加一个新的菜单项。

④“在之前新增菜单项”：在当前菜单项前面增加一个新的菜单项。

⑤“删除菜单项”：删除当前菜单项。

⑥“新增子菜单”：创建当前菜单项的子菜单。

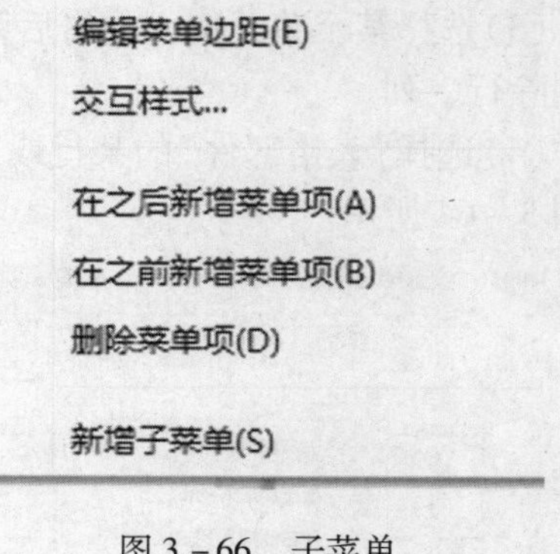

图3－66　子菜单

3.2　流程图部件

“流程图部件”用来表达各式各样的流程，用来辅助说明设计页面所需要达到的功能或者过程，理清用户的操作步骤，如图3－67所示，Axure RP 7.0 默认内置了18种流程图部件。

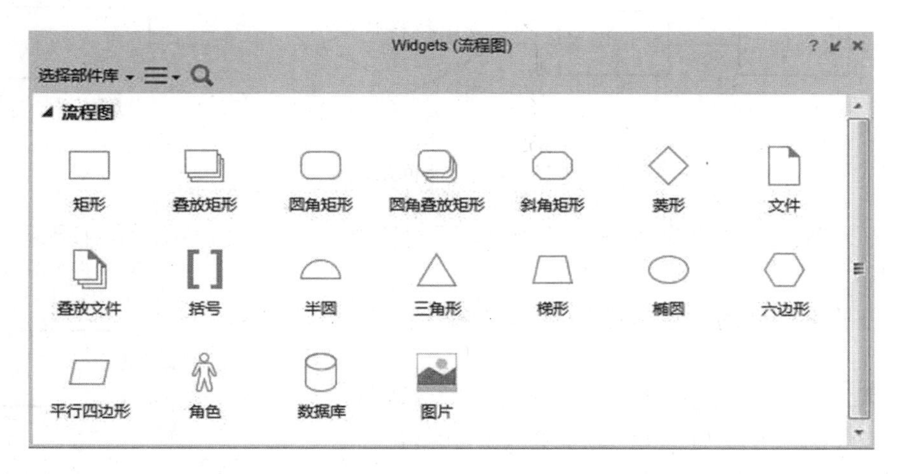

图 3－67　流程图部件

3.2.1　流程图部件介绍

每个流程图部件都有其特点和意义，我们只需掌握一些常用的部件。表 3－1 所示为常用流程图部件及其功能。

表 3－1　常用流程图部件及其功能

部件名称	功　　能
矩形部件	代表要执行的处理动作，用于制作执行框
圆角矩形部件	代表流程的开始或结束，用于制作起始框或结束框
菱形部件	代表判断，用于制作判断框
文件部件	用于制作以文件方式输入或输出操作
平行四边形部件	代表数据的输入或输出操作
角色部件	代表流程执行的角色，可以是人或系统
数据库部件	代表数据库

3.2.2　绘制流程图

在绘制流程图时，要将工具栏的“选择模式”修改为“连接模式”。

【例 3－8】　绘制“登录网站”流程图，如图 3－68 所示。

（1）从流程图部件里拖动一个“角色部件”到编辑区，代表访问网站的用户。

（2）从流程图部件里分别拖动三个“矩形部件”到编辑区，并分别命名为“访问网站”“登录网站”“进入网站内容”，作为访问网站的 3 个步骤。

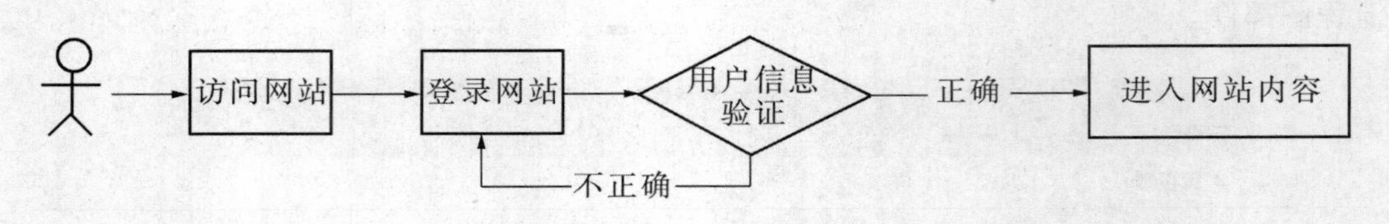

图 3-68　登录网站流程

(3)从流程图部件里拖动一个"菱形部件"到编辑区，命令为"用户信息验证"，作为判断条件。

(4)把所有部件的位置排列正确、调整好适当的间距。

(5)因为使用了"连接模式"，所以此时编辑区的鼠标下方会有一个"连接箭头"。将两两相邻的部件如图 3-69 所示进行连接即可。

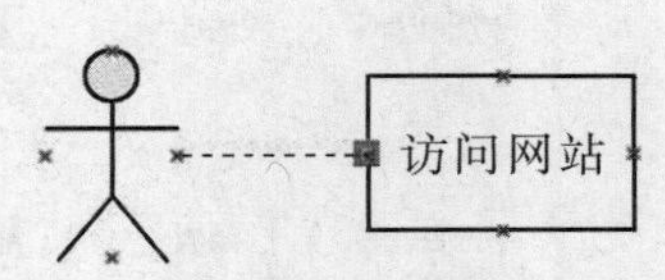

图 3-69　部件连接

(6)此时连接线没有箭头，选中所有连接线后通过"工具栏"中的"线条颜色""线宽""线条样式""箭头样式"对连接线的外观和箭头进行设计，如图 3-70 所示。

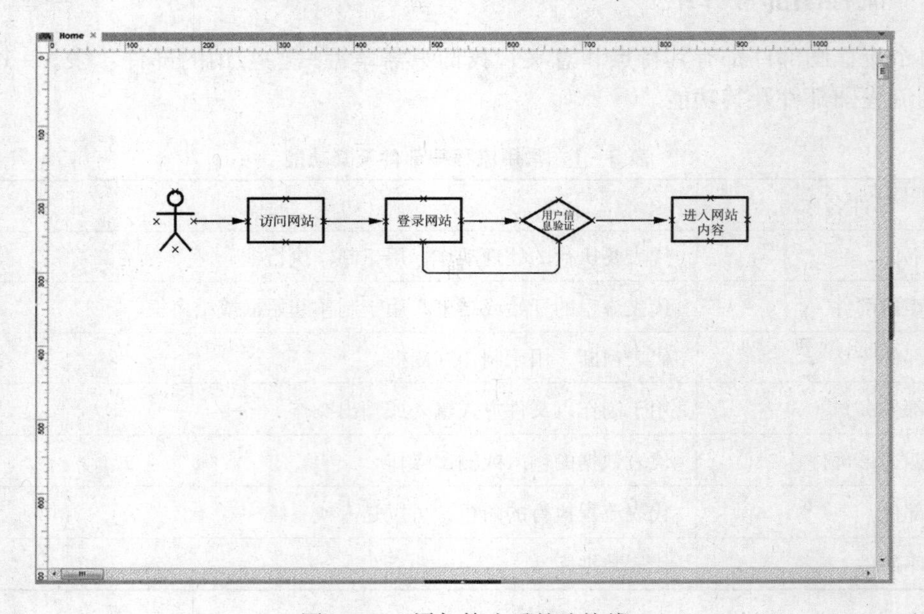

图 3-70　添加箭头后的连接线

(7)在判断条件的连接线上添加标签，如图 3-71 所示。

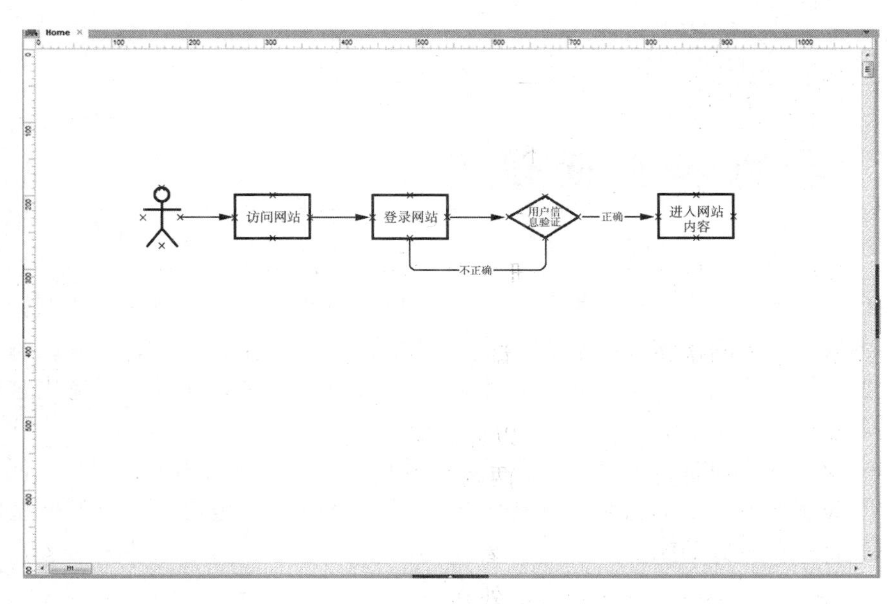

图 3 – 71　加上判断条件

3.2.3　输出流程图

在 Axure RP 7.0 中绘制好的流程图可以生成图片或者网页，可以根据自己的需求有选择地生成。

1. 输出图片的方式

选择“文件”/“导出 Home 为图像”，将弹出“另存为”窗口，选择保存的电脑位置，并命名即可。

2. 输出网页的方式

使用前面所述的原型发布的方式，可以将流程图生成网页。

4 母版和页面设置

在设计网页的过程中，有一些设计元素，如 Logo、导航、页尾或一些小图标，在每个页面都需要使用，甚至这些元素在页面中的位置也是一样的，此时，如果在每个页面都设计这些相同的元素，就会降低原型制作的工作效率。使用母版就可以解决这种重复设计的问题。

Axure RP 的母版功能非常实用，要重复使用的设计元素都可做成母版，以便重复使用。对一个母版修改后，所有线框图中引用该母版的地方都会立即更新。在原型创建过程中应该尽量使用母版功能。

4.1 创建母版

母版面板位于 Axure RP 软件的左下角，如图 4－1 所示。

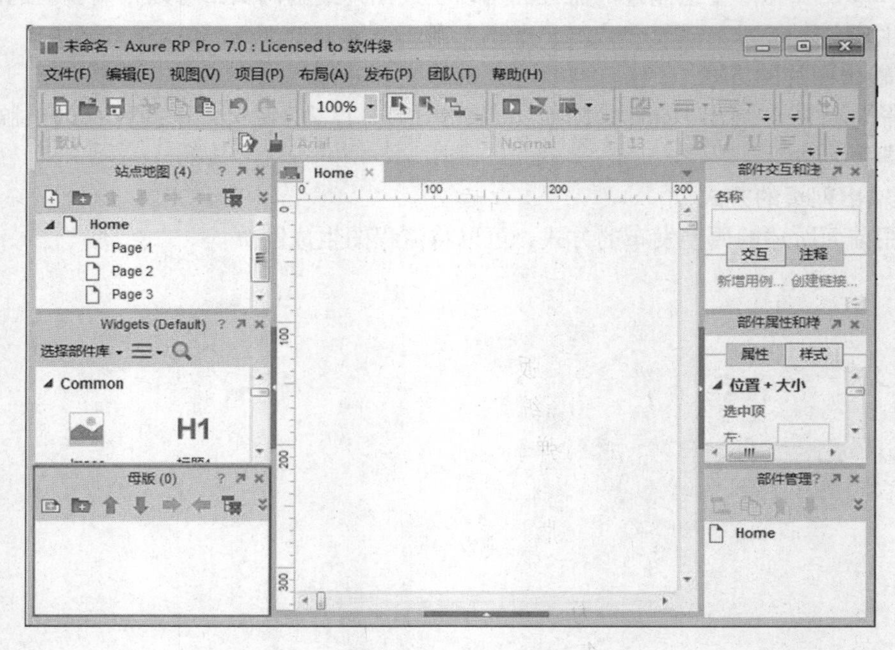

图 4－1　母版面板位置

4.1.1 母版的工具栏

如图 4 – 2 所示，在 Axure RP 7.0 的母版包含了新建母版、新建文件夹、向上移动、向下移动、降级、升级、删除、查找等功能。

图 4 – 2 母版面板

① ：新增母版按钮，可以实现增加一个新母版。

② ：新增文件夹按钮，可以实现增加一个新文件夹，用来对母版进行分类管理。

③ ：向上移动按钮，可以把选中的母版向上移动一个位置，提高母版的排序。

④ ：向下移动按钮，可以把选中的母版向下移动一个位置，降低母版的排序。

⑤ ：降级按钮，可以把当前母版降级为上一个母版的子母版。

⑥ ：升级按钮，可以把当前母版从子母版升级为父母版。

⑦ ：删除按钮，可以把选中的母版删除，但是当这个母版在其它页面有引用时，无法删除；当删除的母版下面有子母版时，会有警告对话框弹出，提示此操作会删除与母版相关的子母版和文件夹。

⑧ ：搜索按钮，可以根据母版名称，筛选出搜索的母版。

4.1.2 创建母版

Axure RP 7.0 提供了两种创建母版的方式。

(1) 通过部件转换为母版。选择编辑区中要重复使用的元素，单击鼠标右键，此时弹出如图 4 – 3 所示的菜单，选择“转换为母版”。

(2) 通过母版面板中的“新增母版”按钮，就可以快速地创建一个母版。

在制作母版时，将部件转换为母版更实用。在设计的过程中把那些页面会共用、复用的组件转换为母版后，在其它页面直接引用即可。

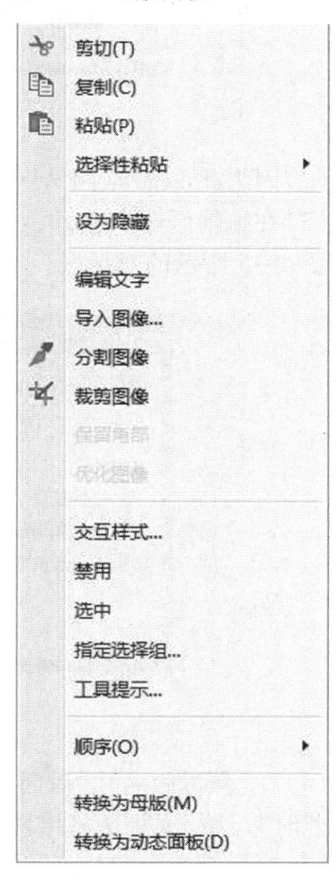

图 4 – 3 转换母版弹出菜单

【例4－1】 创建母版。

(1)打开“第4章/例4－1.rp”原型文件，将会出现“雅芳首页”原型，如图4－4所示。

图4－4 雅芳首页原型

(2)因为此Logo在网站中是重复使用的元素，所以可将此Logo创建为母版。

(3)在编辑区选中Logo，然后右击鼠标，在弹出的菜单中选择“转换为母版”，将出现如图4－5所示的对话框。

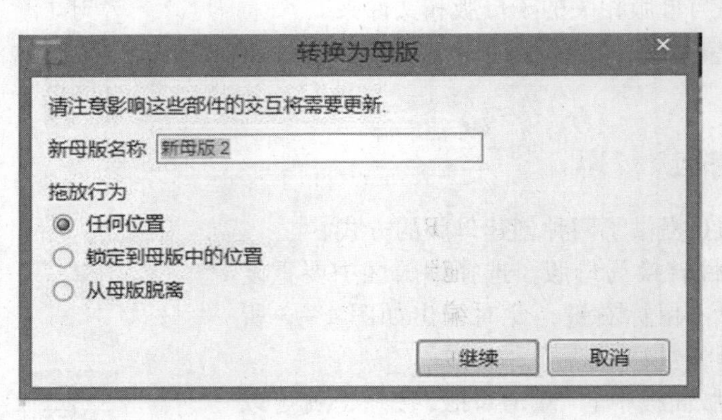

图4－5 “转换为母版”对话框

(4)在“新母版名称”后面的输入框中为母版命名，此例命名为Logo，单击“继续”按钮。此时“母版”面板中将出现一个名为Logo的母版对象。

(5)当原型中的对象被转换为母版后，编辑区中该对象将如图4－6所示被有色矩形覆盖。

图 4－6　Logo 转换为母版

4.2　母版的使用

在例 4－1 转换为母版的对话框中，“拖放行为”决定了母版的类型以及如何使用母版。

4.2.1　母版的拖放行为

为了满足不同情况的需要，Axure RP 提供了 3 种拖放行为。

(1)任何位置：允许将母版内容拖到编辑区中的任意位置。

(2)固定位置：将母版内容拖至编辑区并松开鼠标后，母版内容会自动放置到页面中的固定位置，这个固定位置与母版页面中该内容所在的位置一致。

(3)脱离母版：允许将母版内容拖入编辑区中的任意位置上摆放。但是，当拖放结束后，这些内容与母版脱离联系，变成普通元件存在页面中。母版被编辑并发生改变时，这些内容不会同步发生变化。

4.2.2　添加到页面中

在页面中使用母版有两种方法。

(1)打开新的页面，将在应用到该页面的母版从“母版面板”中直接拖到新页面的编辑区，即完成操作。

(2)在“母版面板”选中要使用的母版，右击鼠标将弹出如图4－7所示对话框。

①新增Logo到：该项选择将母版指定放到哪些页面中使用。

：全部选中。

：全部取消。

：选中全部子页面。

：取消全部子页面。

②位置：一般情况下，通过这个操作将母版添加到页面时，默认是在页面相同的位置上添加母版的内容，即选项中的“锁定为母版中的位置”。也可以通过“指定位置”来添加母版中的内容到页面指定的位置。

③选项：在向页面添加母版时，如果要求一个母版只能向同一个页面中添加一次，可以选择“当页面不包含母版时才能新增”的选项加以限制。

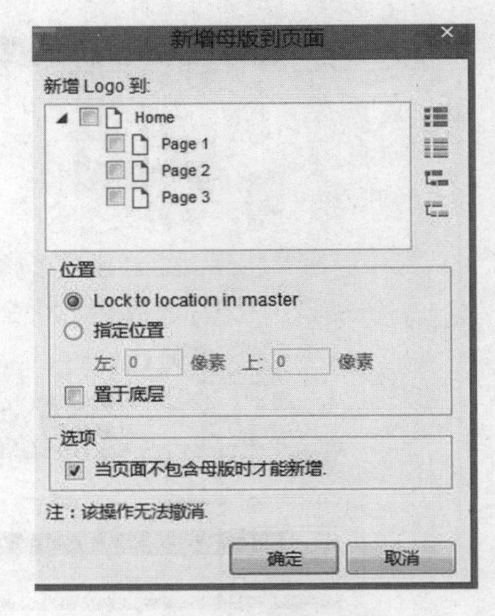

图4－7　新增母版到页面

4.2.3　从页面分离

如果页面上不再需要母版，或者在向页面添加母版时添加错了，可以通过以下两种操作将母版与页面进行分离。

(1)在使用了母版的页面选择母版元素，右击鼠标，在弹出如图4－8所示的菜单中选择“从母版脱离”。

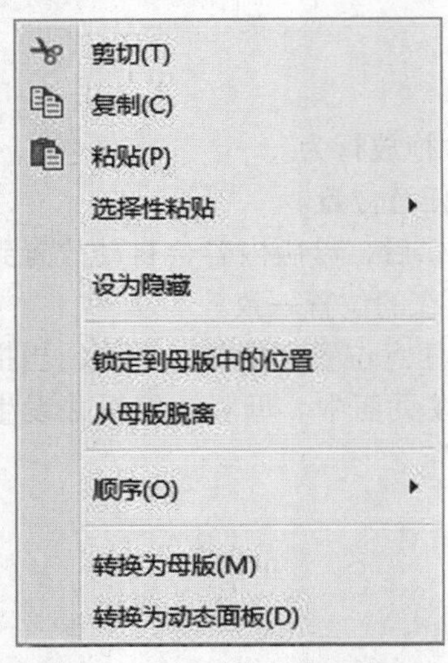

图4－8　“从母版脱离”菜单

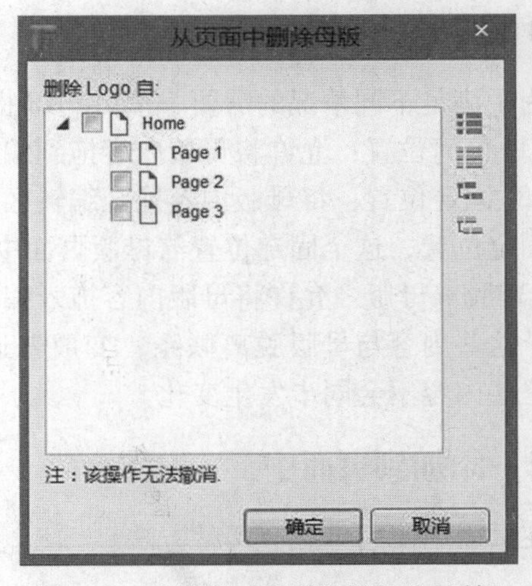

图4－9　“从页面中删除母版”对话框

(2)在“母版面板”中选择要分离的母版，右击鼠标，在弹出的菜单中选择“从页面中删除母版”命令，此时从弹出的如图 4 –9 所示的对话框中选择要分离母版的页面即可。

4.3 页面设置

在进行原型设计时，往往要先对页面进行设置，如页面背景颜色、页面交互等等，这些设置都要通过“页面面板”进行操作。Axure RP 7.0 软件的“页面面板”如图 4 – 10 所示。

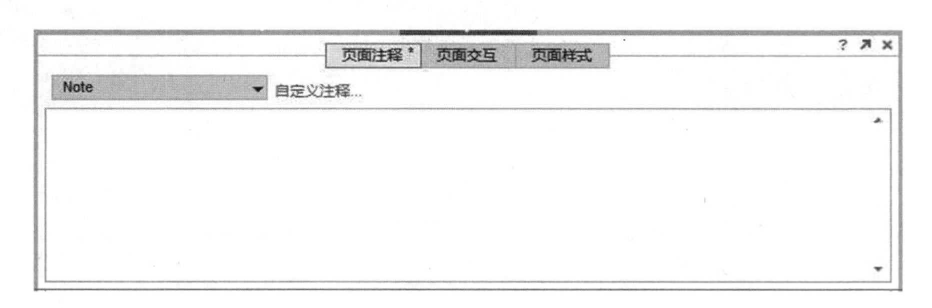

图 4 – 10　页面面板

4.3.1　页面注释

页面注释在“页面面板”最左侧。可以为当前页面添加注释说明，以便其他人了解页面内容，如图 4 – 10 所示，页面注释直接在下方的文本框中输入说明文字。如果需要有多个说明，可以单击“自定义注释”，此时弹出如图 4 – 11 所示对话框。点击 ✚ 键就可以新建一个页面注释。

图 4 – 11　页面注释字段

4.3.2　页面交互

页面交互是“页面面板”的第二个选项。其中包含页面的多种触发事件，可以为页面的触发事件添加用例，来执行指定的动作。Axure RP 6.5 仅支持用户创建一种类型的页面级别的交互，就是“页面载入时”，而 Axure RP 7.0 增加到 11 种页面交互。

“交互”的详细内容将在后面的章节中阐述，此处将用一个实例简单地介绍页面交互的操作。

【例 4 –2】　页面交互。实现：当 Home 页停留 3 秒后跳转到 Page1 页面。

(1)打开“第 4 章/例 4 –2. rp”原型文件，如图 4 – 12 所示。

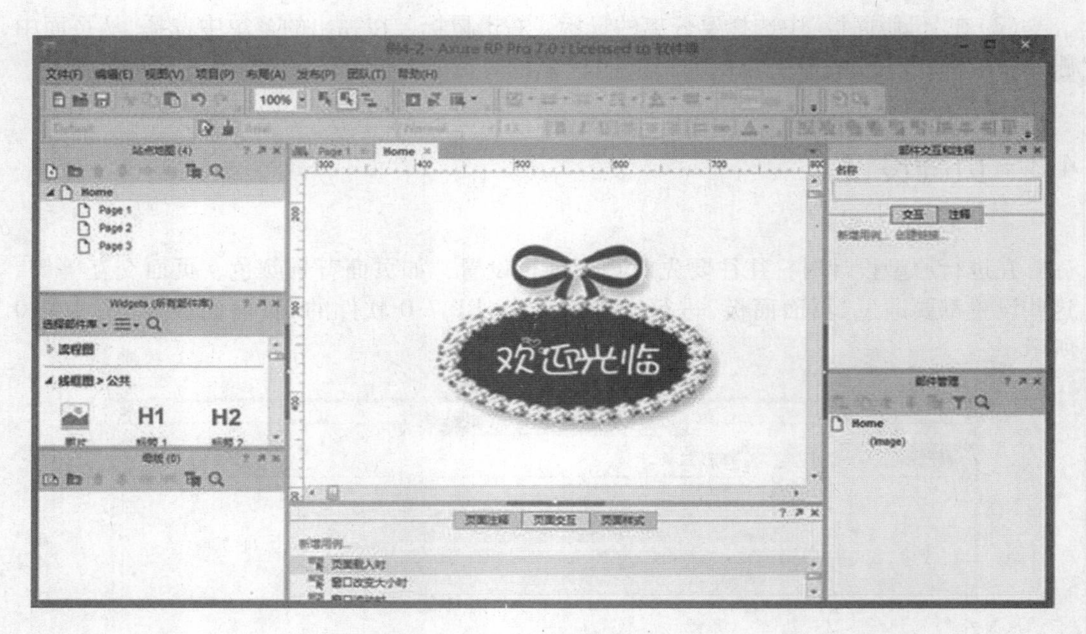

图 4－12　例 4－2 原型文件

(2)双击“页面交互”选项卡下的“页面载入时”，弹出如图 4－13 所示“用例编辑器”窗口。

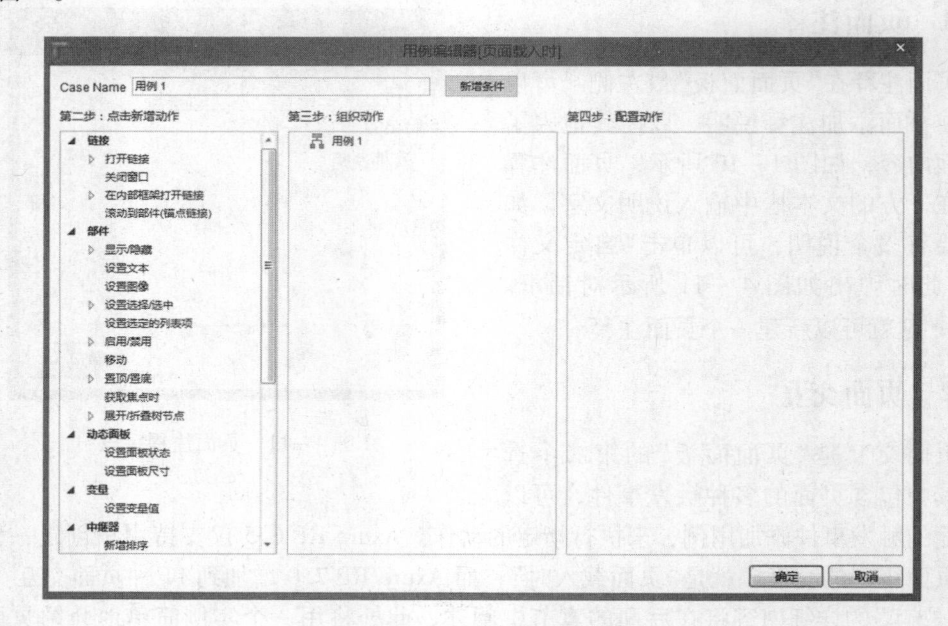

图 4－13　用例编辑器

(3)在“用例编辑器”窗口左侧点击选择“杂项/等待”，然后在窗口右侧“等待时间”输入框中输入 3 000，如图 4－14 所示。

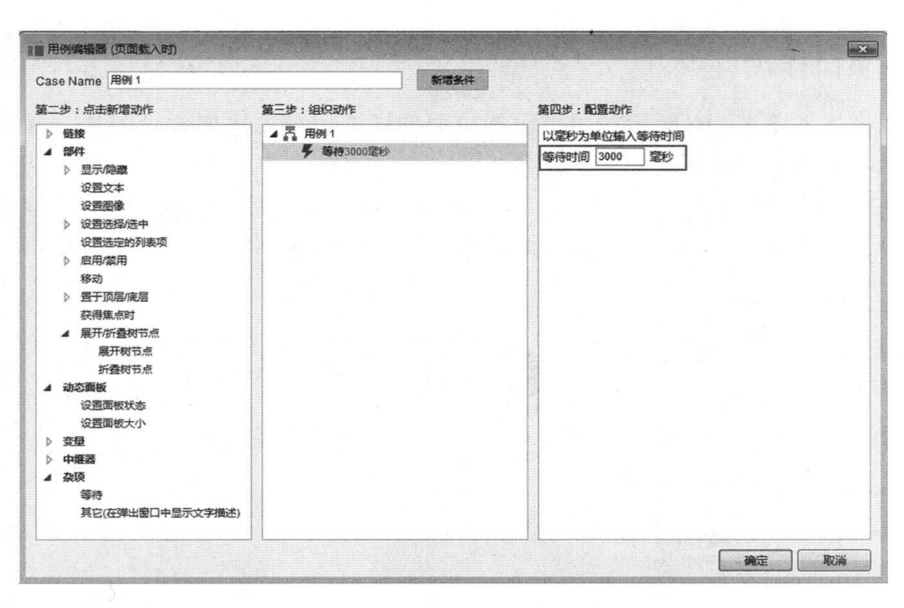

图 4－14　设置等待时间

(4)再点击窗口左侧“链接/打开链接”，然后在窗口右侧选择“Page1”，如图4－15所示。

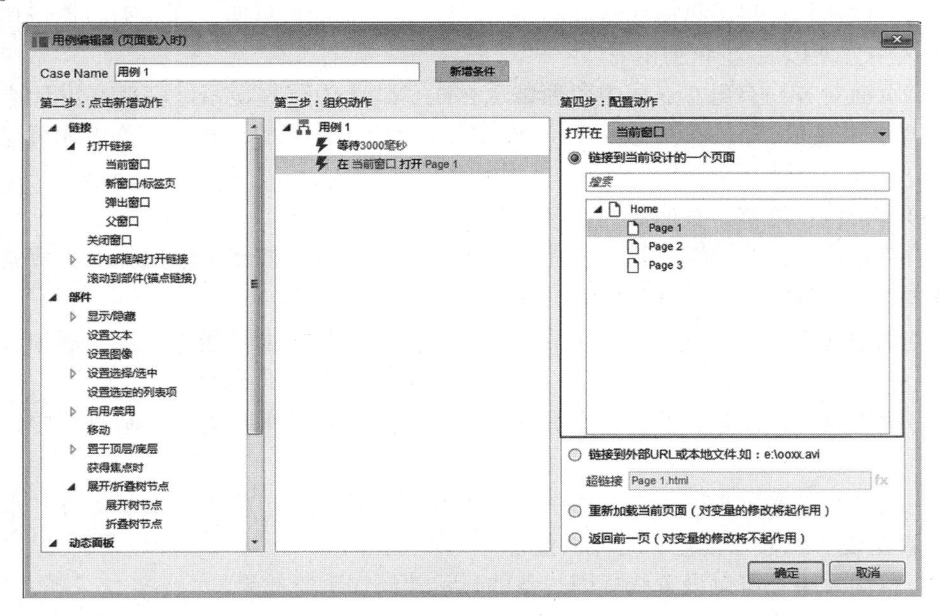

图 4－15　设置链接页面

(5)设置了等待时间和链接页面后，点击“确定”按钮。这样当前页的交互动作即完成。

(6)保存，按 F5 键进行预览。此时窗口打开 Home 页面停留 3 秒后跳转到 Page1 页面。

4.3.3 页面样式

页面样式如图 4 – 16 所示，用于设置页面的样式信息，比如背景图片、背景颜色、对齐方式、字体、间距等。

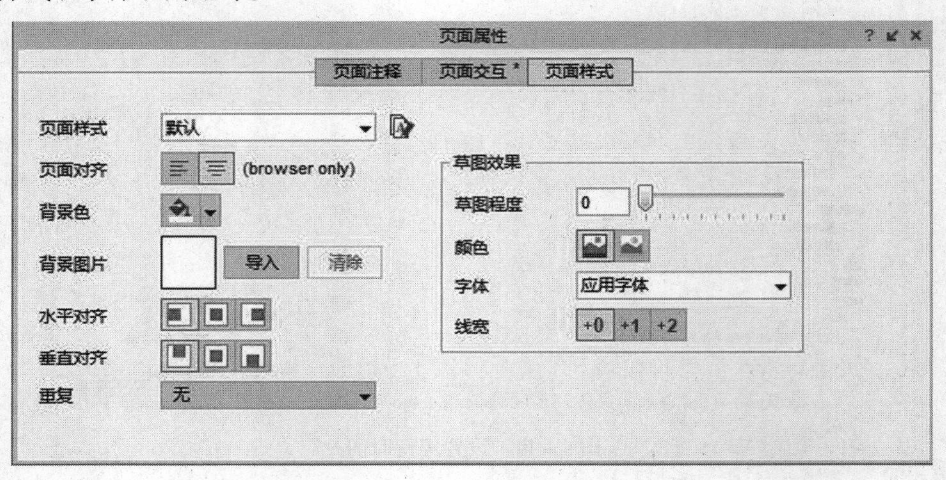

图 4 – 16　页面样式

(1)页面样式：单击页面样式后的按钮，将设置多种页面样式方案，保存在页面样式列表中方便以后选择使用。

(2)页面对齐：有居左、居中两种显示方式。默认为居左显示。一般在设计原型时都会选择居中显示，但是居中显示在编辑区是显示不出效果的，必须预览后才可居中显示。

(3)背景色：给整个页面添加颜色。

(4)背景图片：选择图片作为页面的背景。选择“导入”按钮可以选择作为背景的图片，选择“清除”将已经有的背景图片删除。

(5)水平对齐：设置背景图片在页面水平的位置，包括水平居左、水平居中、水平居右。

(6)垂直对齐：设置背景图片在页面垂直的位置，包括垂直上方、垂直居中、垂直下方。

(7)重复：设置背景图片在页面中的平铺和填充方式，包括无、重复图片、水平重复、垂直重复、拉伸以覆盖、拉伸以包含等 6 种方法。

(8)草图效果：可以设置线框图线条的显示效果如手绘效果。

- 草图程度：拖动标尺能够让页面上的一些部件变成手绘草图效果，标尺越向右侧拖动草图效果越明显。
- 页面颜色：设置草图页面的颜色效果，包括彩色效果和黑白效果。
- 字体系列：统一设置页面中的字体。
- 线段宽度：统一增加页面中部件边框以及线段的宽度。

5 部件的交互

Axure RP 软件被很多设计师、产品经理青睐的主要原因就是它除了可以在界面上制作出高保真的产品原型外，在交互上也能正确地表达出实际产品中用户的使用操作，给用户以产品的真实体验。因此，Axure RP 部件的交互是本书的核心，掌握了部件交互的使用，才能做出各种真实的交互效果，从而做出一个真正意义上的高保真原型，给用户一种真实的产品交互操作。

5.1 Axure RP 交互的概念

Axure RP 交互是指把静态线框图变成可点击的交互式 HTML 原型的功能。通过如图 5－1所示的一个简单的向导式界面，Axure RP 可以使用自然语来定义交互逻辑和指令，避免了编程的复杂性。每次生成 HTML 原型，Axure RP 都会将这些交互转换成真正的 JavaScript 代码，这些代码是 web 浏览器能理解的。

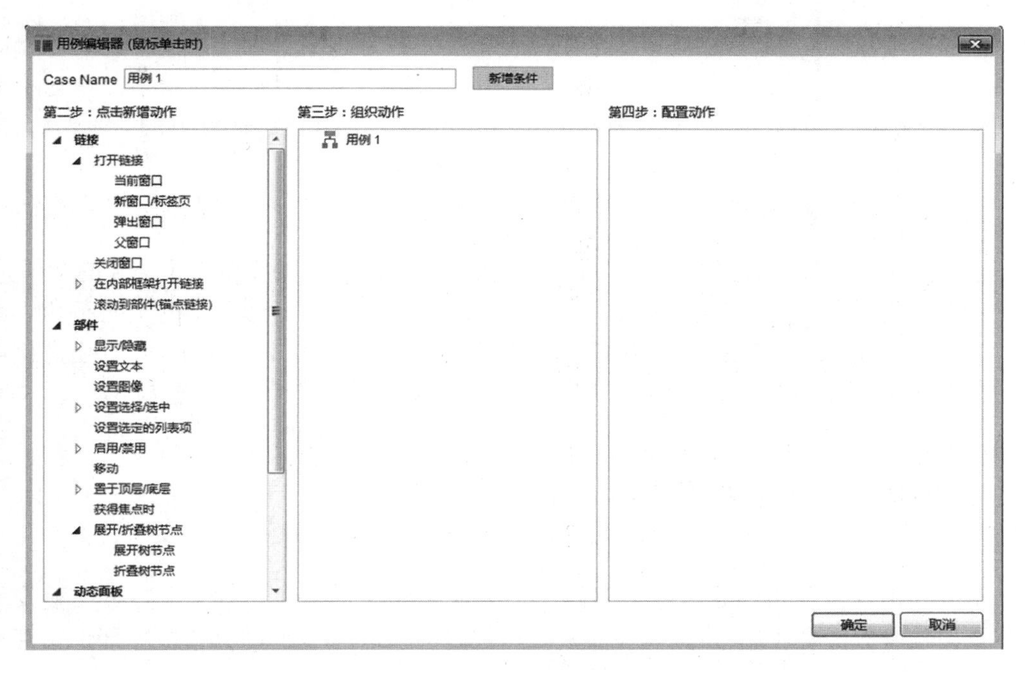

图 5－1　用例编辑器

每个 Axure RP 交互由三个基本的信息单元组成，即 when、where 和 what。

(1) When：什么时候发生交互动作？

在 Axure RP 中用事件 Events 来表示，例如：页面加载时、点击时、失去焦点时等。

(2) Where：交互在哪里发生？

在 Axure RP 中任何一个部件都可以建立交互动作，如矩形部件、单选按钮或下拉列表等，可以在如图 5－2 所示的部件交互和注释面板中创建部件的交互，在页面属性面板中创建页面或模板的交互。

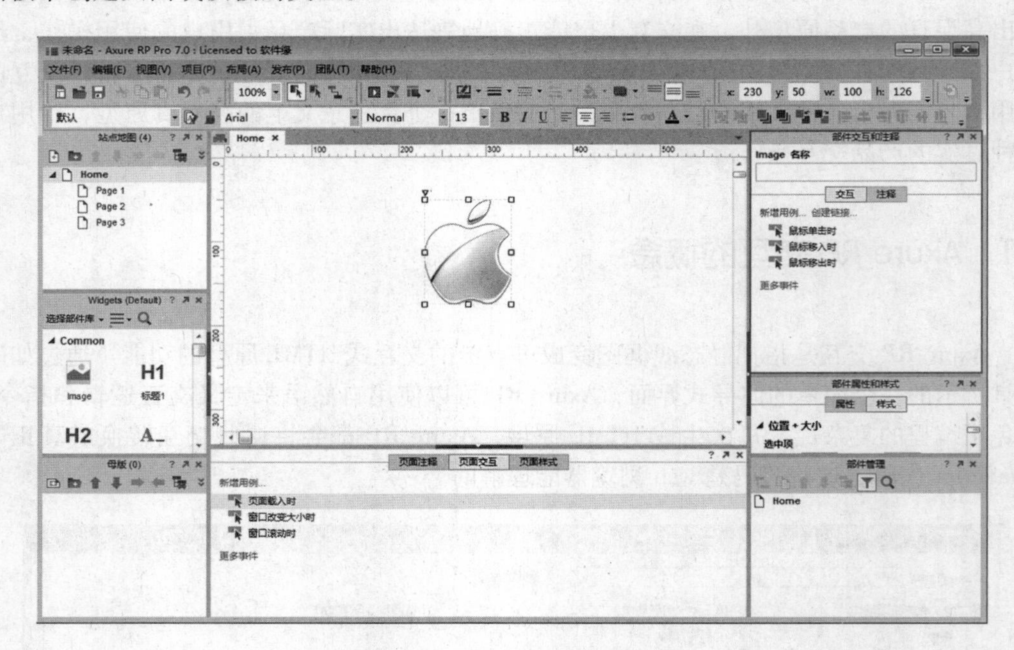

图 5－2　部件交互和注释面板

(3) what：将发生什么？

在 Axure RP 中，把将要发生的“什么”称为动作 Actions。动作定义了交互的结果。

例如，我们要完成“当用户点击一个按钮时，链接到另一个页面”的交互行为。其中 when 是“点击”，where 是“按钮(矩形部件)”，what 是“链接到一个页面”。由此例可见初学者在实现 Axure RP 交互时可以按照这 3W 的形式来分析和设计交互行为。

5.2　Axure RP 触发事件

Axure RP 交互的事件分为两个部件，一个是部件触发事件；另一个是页面触发事件。页面触发事件是通过“页面属性面板”进行操作，部件触发事件是通过“部件交互和注释面板”进行操作。

Axure RP 默认内置了很多部件交互的触发事件，可以根据不同应用场景选择不同的触发事件。Axure RP 默认显示 3 种常用的触发事件：鼠标单击时、鼠标移入时和鼠标移出时触发事件。如果需要使用更多的触发事件，可以点击部件交互和注释面板“交互”选项卡下的“更多事件”，如图 5－3 所示。

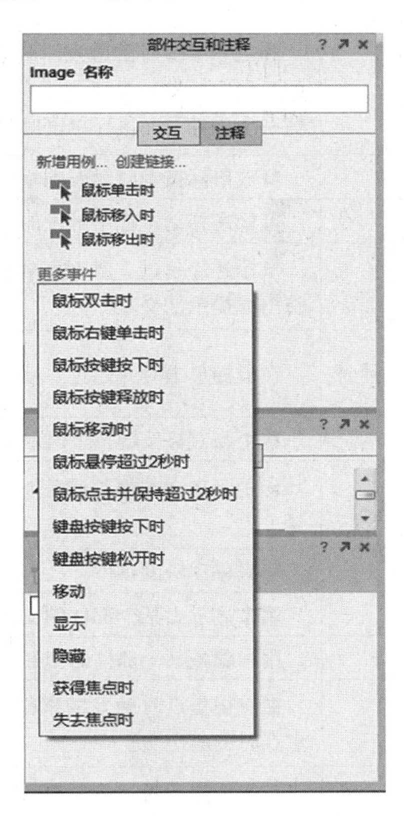

图 5－3 “更多事件”选项

每个触发事件的详细说明如表 5－1 所示。

表 5－1 触发事件说明

序号	触发事件	说明
1	鼠标单击时	在部件上单击鼠标时触发的事件，其常用于单击功能按钮时的交互
2	鼠标移入时	在部件上移入鼠标时触发的事件，其常用于图片或者某个区域放大的交互
3	鼠标移出时	与鼠标移入时对应的是鼠标移出时，当设置了鼠标移入时的触发事件，也要设置鼠标移出时的恢复事件
4	鼠标双击时	在部件上双击鼠标时触发的事件，其常用于放大图片或者双击打开某个页面的交互

续表 5－1

序号	触发事件	说明
5	鼠标右键单击时	单击鼠标右键时执行的操作
6	鼠标按键按下时	和鼠标单击时的触发事件的区别是，在鼠标按键被按下的过程中触发一个事件，在鼠标按键被释放的过程中触发另一个事件，而鼠标单击时只能作为一种触发事件
7	鼠标按钮释放时	释放鼠标按键时触发的事件
8	鼠标移动时	鼠标在移动过程中触发的事件
9	鼠标悬停超过 2 秒时	鼠标悬停超过 2 秒时触发的事件，其可以用于关闭某个弹出框提示的交互
10	鼠标单击并保持超过 2 秒时	在鼠标单击时并超过 2 秒时触发的交互
11	键盘按键按下时	这个与鼠标按键按下时触发的事件类似
12	键盘按键松开时	常用于在文本框编辑完成时，统计文本框里的字数的场景
13	移动	用来移动触发事件
14	显示	用来显示出某个部件的交互
15	隐藏	用来隐藏某个部件的交互
16	获得焦点	在获得焦点时触发的事件，其常用于文本输入框在获得焦点时的应用交互
17	失去焦点	在失去焦点时触发的事件，其常用于文本输入框在失去焦点时的应用交互

5.3 交互行为

交互行为是根据触发事件和交互条件（该部件内容将在后面章节阐述）所执行的交互动作。Axure RP 将内置的交互行为分为六大类，分别是链接交互行为、部件交互行为、动态面板交互行为、变量交互行为、中继器交互行为和杂项交互行为。其中，动态面板交互行为、变量交互行为和中继器交互行为将在后面章节结合动态面板、变量和中继器一起详细介绍；本章重点阐述链接交互行为、部件交互行为和杂项交互行为。

5.3.1 链接

链接交互行为主要是用于产品界面的切换，包括打开链接、关闭窗口、在内部框架打开链接、滚动到部件（锚点链接）4 类操作。

1. 打开链接

打开链接主要是实现产品中页面之间跳转、新页面的显示等交互。根据新页面显示的位置，可以设置为当前窗口、新窗口/标签页、弹出窗口、父窗口。

【例 5 –1】 在新窗口中打开另一个页面。

(1)打开“第 5 章/例 5 –1. rp”原型文件，如图 5 –4 所示。

图 5 –4　例 5 –1 原型文件

(2)在“部件面板”拖动一个“热区部件”覆盖页面上“军事”链接文字，如图 5 –5 所示。

图 5 –5　热区操作

（3）选中“热区部件”在“部件交互和注释”面板的“Hot Spot 名称”中定义该热区的名称“链接页面1”，给交互的部件进行名称命名是我们必须养成的操作习惯，如图5－6所示。

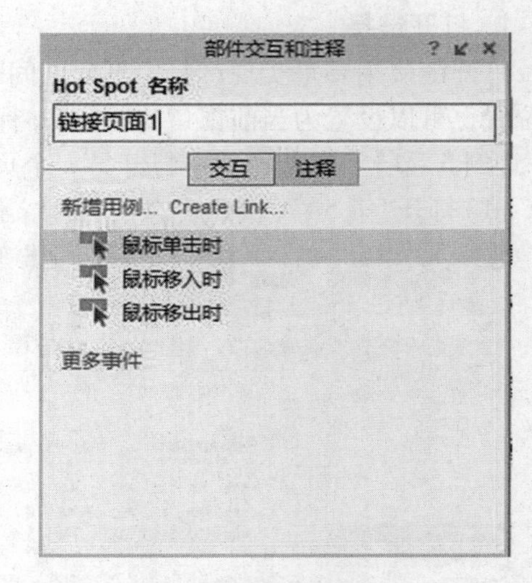

图5－6　部件命名

（4）在“部件交互和注释”面板的“交互”选项卡中选中“鼠标单击时”，这就是要触发的“事件”。

（5）双击该触发事件，打开“用例编辑器”窗口，在窗口左栏的“第二步：点击新增动作”下选择“链接/打开链接/新窗口/标签页”（这就是动作），此后在窗口中间栏“组织动作”下将显示如图5－7所示的“在新窗口/标签页打开页面1”。

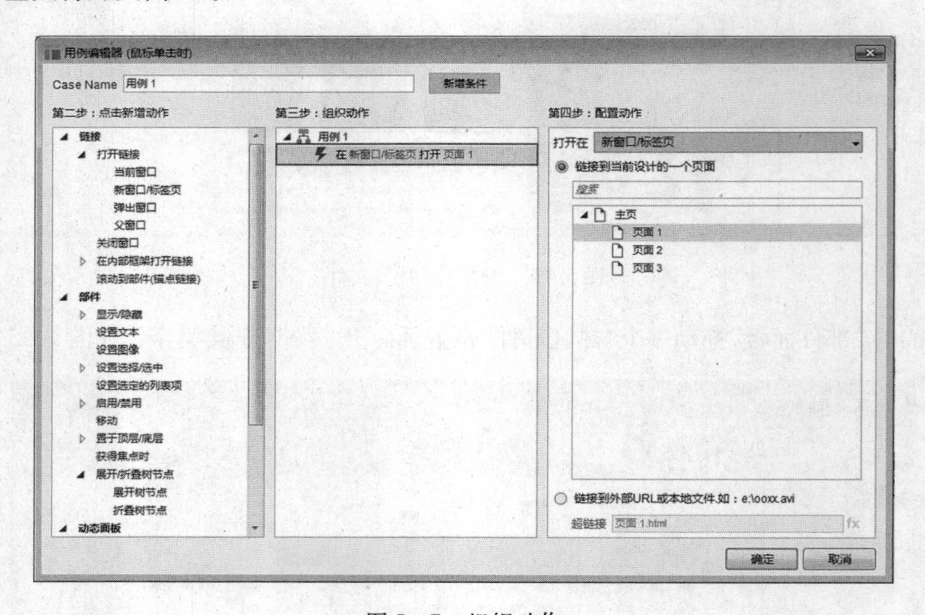

图5－7　组织动作

（6）在窗口右栏“配置动作”中会显示：

- 打开在：可以改变新页面打开的窗口位置。
- 链接到当前设计的一个页面：显示当前原型文件站点中创建的所有页面。
- 链接到外部 URL 或本地文件：可以设置通过 http：//的方式链接外面网站页面，或是链接到某个文件。

（7）选择“链接到当前设计的一个页面”，此时在原型站点地图中的所有页面都会在下面显示，此例选择“页面1”，然后点击“确定”。

(8)设置好的“部件交互和注释”面板如图 5－8 所示。

(9)保存预览，在浏览器中显示“主页”后点击“军事”链接文字，将在一个新窗口打开“页面 2”。

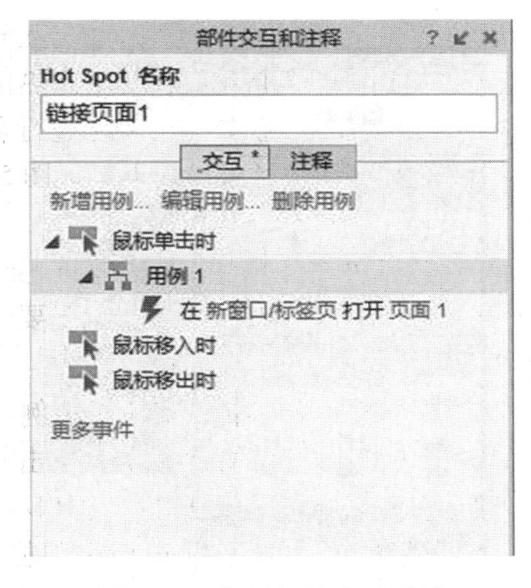

图 5－8　设置好的交互面板

【例 5－2】　打开新浪网首页，将弹出一个广告窗口。

(1)新建一个 Axure RP 原型文件，在站点上创建两个页面，一个为主页，另一个为广告页，如图 5－9 所示。

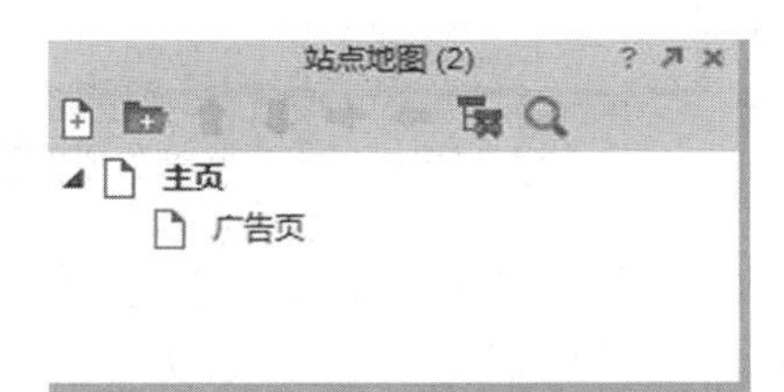

图 5－9　站点地图

(2)双击“主页”进行编辑，拖动一个“图片部件”到编辑区，双击导入“第 5 章/图片/3. gif”页面截图。调整图片到编辑区的合适位置，如图 5－10 所示。

(3)双击“广告页”进行编辑，拖动一个“图片部件”到编辑区，双击导入“第 5 章/图片/1. gif”。调整图片到编辑区 X 轴为 0，Y 轴为 0 的位置，如图 5－11 所示。

图 5－10　主页效果

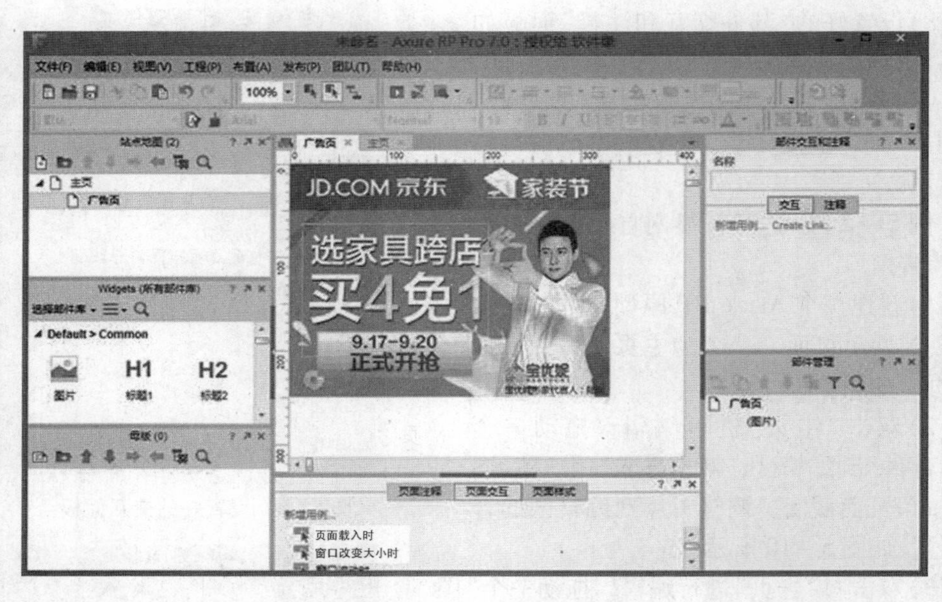

图 5－11　广告页效果

(4)返回“主页”编辑区。交互效果是“主页”打开后弹出一个“广告页”。因此本例的触发事件为“页面交互”，在“页面属性面板”的“页面交互”中选择“页面载入时”。

(5)双击“页面载入时”在弹出的“用例编辑器”窗口左栏选择“链接/打开链接/弹出窗口”，此时中间栏组织动作为“在弹出窗口打开链接”。

(6)此时右栏“配置动作”窗口如图5－12所示。

(7)选择“链接到当前设计的一个页面”下的“广告页”。可以通过“弹出属性”设置“广告页”窗口的显示效果，此例勾选“屏幕中央”，宽度为广告图片的宽度330像素，高度为249像素。

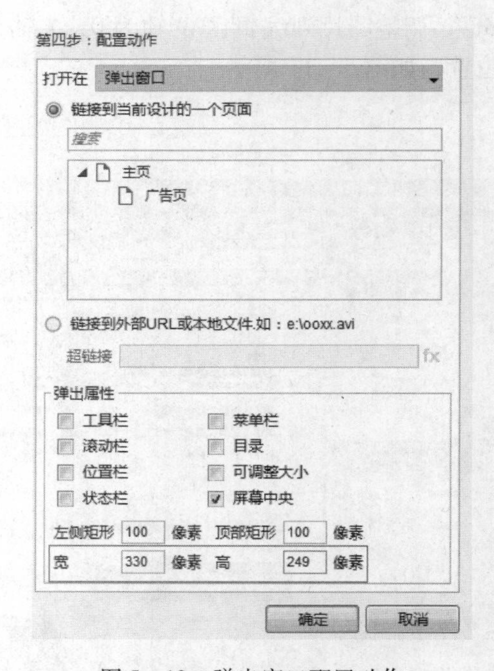

图 5－12　弹出窗口配置动作

(8)“用例编辑器”设置完成后点击“确定”按钮，此时“页面交互”显示如图5－13所示。

(9)保存，预览。当“主页”在浏览器打开的同时，还会在屏幕中间弹出一个广告页。

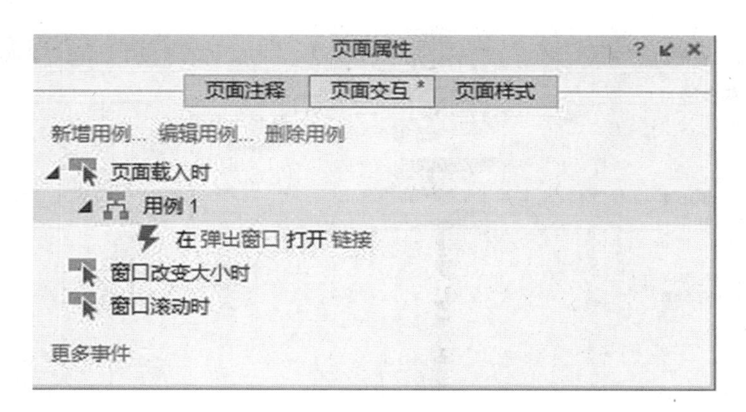

图 5－13　设置好的页面交互

2. 关闭窗口

关闭已经打开的窗口。

【例 5－3】　在“例 5－2”的广告页中添加“关闭按钮”，点击该按钮实现页面窗口的关闭。

（1）打开“例 5－2”中的“广告”页面进入编辑状态。

（2）将页面中广告图片下移 30 像素，然后拖动一个“图片部件”到广告图片右上角，导入“第 5 章/图片/2. gif”按钮图片，如图 5－14 所示。

图 5－14　插入按钮图片

（3）选中按钮图片，在“部件交互和注释”面板中选择“鼠标单击时”，双击打开“用例编辑器”。

（4）在“用例编辑器”的左栏选择“链接/关闭窗口”，此时窗口所有栏如图 5－15 所示，点击“确定”完成操作。

（5）因为广告页的画面高度变化了，所以要调整弹出页面窗口的大小。

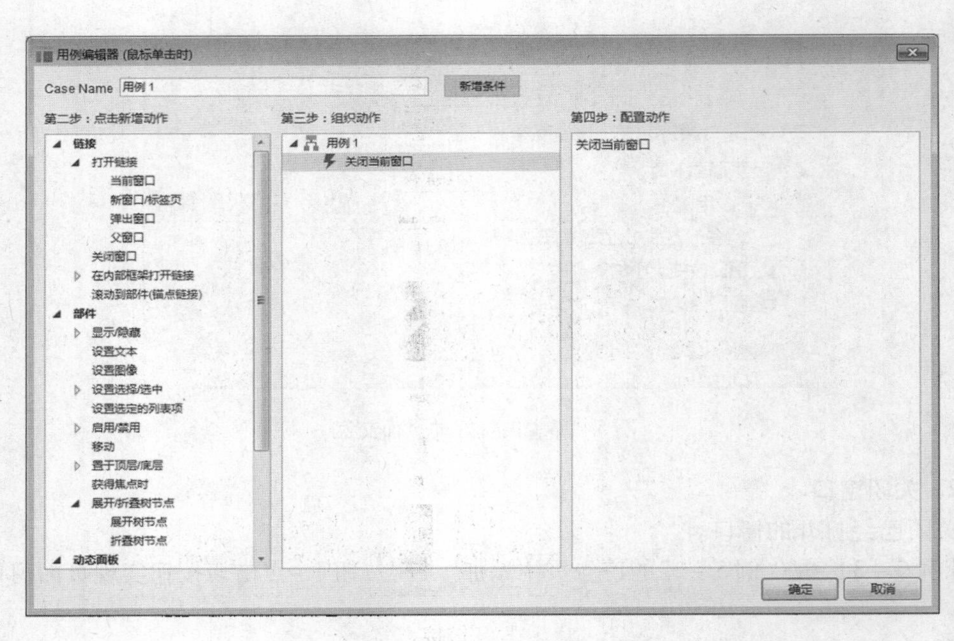

图 5－15　设置“关闭窗口”交互

(6)打开“主页”，在“页面交互”中双击“在弹出窗口打开广告”命令，在弹出的“用例编辑器”右栏中改变“弹出属性”的高度为 279 像素，点击“确定”。

(7)保存，预览。此时点击弹出广告窗口右上角的“关闭广告”按钮，将关闭该窗口。

3. 在内部框架打开链接

在内部框架中打开一个链接或者页面，必须和“内部框架”部件一起使用。

【例 5－4】　利用“在内部框架打开链接”交互设计页面广告固定的效果。

(1)新建一个 Axure RP 原型文件。在站点地图中分别创建一个主页和一个框架链接页，如图 5－16 所示。

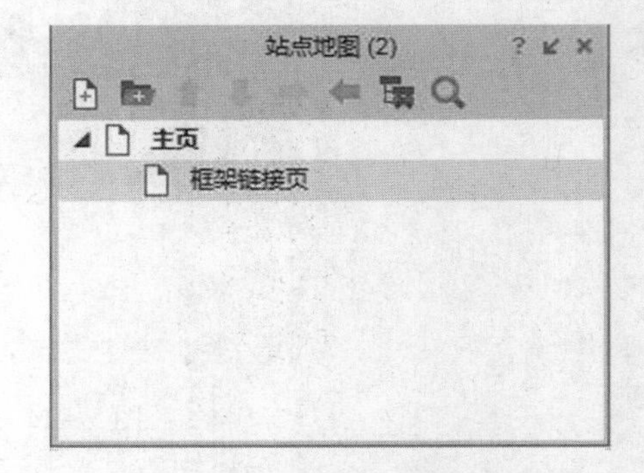

图 5－16　本例站点地图

(2)打开“框架链接页”，拖动一个“图片部件”到编辑区，双击导入“第 5 章/图片/页图截图 . png”，在弹出的“优化对话框”中选择“否”不优化，并设置图片 X 轴和 Y 轴位置均为 0，效果如图 5－17 所示。

(3)打开“主页”，拖动一个“内部框架部件”到编辑区，设置 X 轴、Y 轴均为 0；宽度和高度为“页面截图”的宽高，即 W：1424，H：5096。

图 5－17　“框架链接页”效果

（4）分别拖动两个“图片部件”到“主页”编辑区的左、右两侧，分别导入“第 5 章/图片/广告 . png”。设置左图 X 轴和 Y 轴分别为 0、200；右图 X 轴和 Y 轴分别为 1305、200。效果如图 5－18 所示。

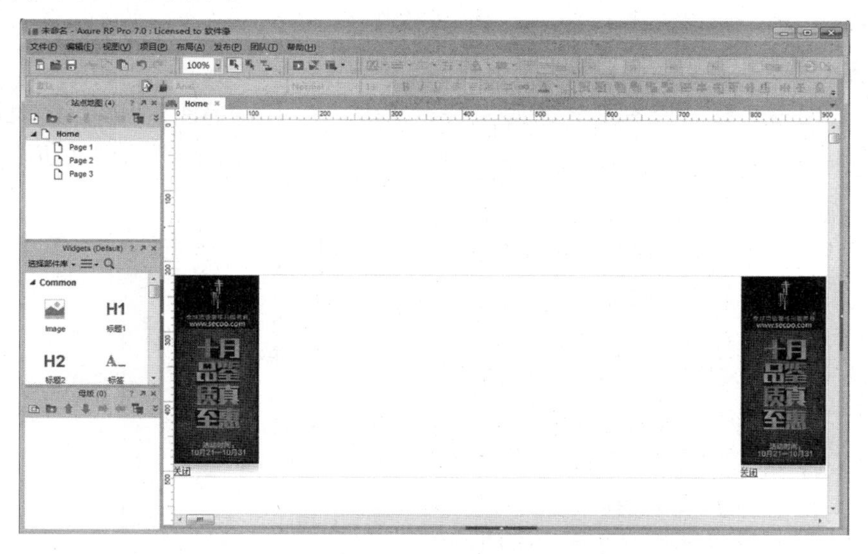

图 5－18　插入广告效果

（5）打开“页面属性面板”，在“页面交互”中双击“页面载入时”。在“用例编辑器”中选择左栏的“链接/在内部框架打开链接”，在右栏“配置动作”中如图 5－19 所示进行设置。

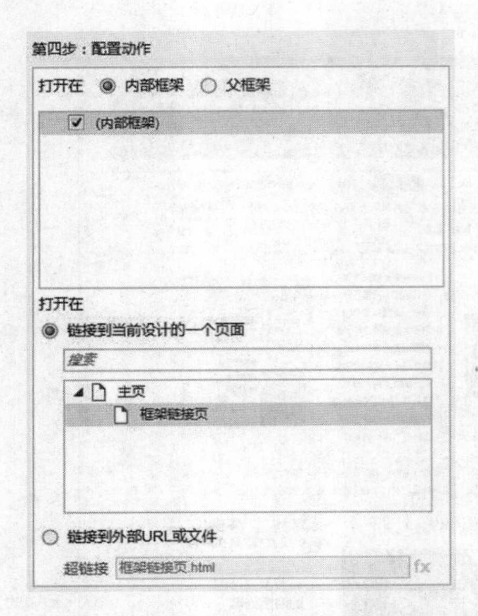

图5－19 设置“内部框架打开链接”

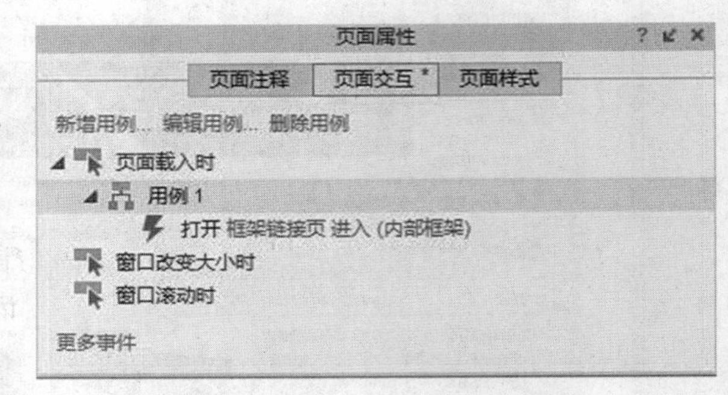

图5－20 页面交互设置

(6)设置好“用例编辑器”窗口，点击“确定”。此时“页面交互”如图5－20所示。

(7)保存预览，本例效果即完成。

4. 滚动到部件(锚点链接)

锚是指在网页中，需要跳转到某一特定的位置时，就需要在此位置建立一个位置标记。点击元素时，页面跳转到该位置。在Axure RP中可以实现这样的功能。

【例5－5】 实现页面内部链接交互原型。

(1)打开“第5章/例5－5. rp”原型文件。拖动一个“热区部件”覆盖在编辑区文章中的“——No。3找出线索——”文字上(此操作为设置锚)，并在“部件交互和注释”面板中命名为“NO3”，如图5－21所示。

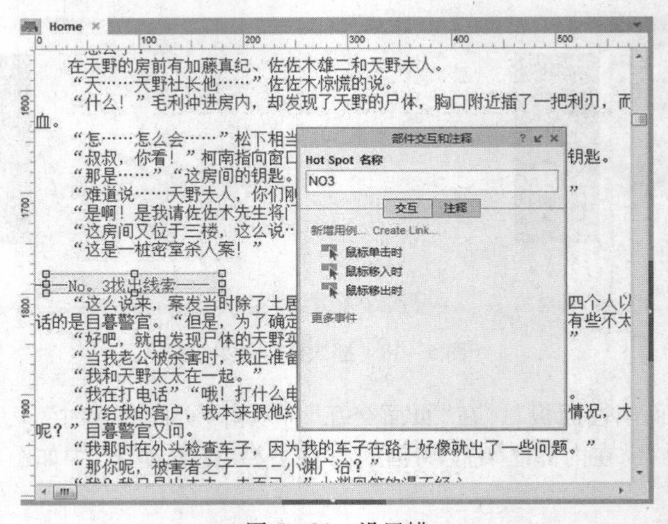

图5－21 设置锚

（2）在页面中选择“第 3 章 找出线索”，在“部件交互和注释”面板中双击“鼠标单击时”，在弹出的“用例编辑器”左栏中选择“滚动到部件（锚点链接）”，在右栏“配置动作”的选择部件中勾选“NO3（Hot Spot）”（即为前一步设置的锚），并单选“仅垂直滚动”，点击“确定”，设置如图 5－22 所示。

（3）保存预览，在浏览器中打开页面后，点击“第 3 章 找出线索”文字，页面将垂直滚动到“——No。3 找出线索——”文字处。

图 5－22 锚链接的动作配置

5.3.2 部件

部件交互行为是常用的交互行为，它包括显示/隐藏、设置文本、设置图像、设置选择/选中、设置选定的列表项、部件的启用/禁用、移动、置于顶层/底层、获得焦点时、展开/折叠树节点等 10 个交互行为。部件的交互行为越丰富，制作出来的原型交互效果就越真实。

1. 显示/隐藏

部件的显示/隐藏可以控制某个部件是显示还是隐藏起来，实现部件的显示/隐藏切换效果。

【例 5－6】 实现图片的显示/隐藏交互。

（1）新建一个 Axure RP 原型文件。依次拖动 6 个“图片部件”到编辑区，并将“第 5 章/图片”文件夹下的“flower1. jpg－flower6. jpg”图片文件以图片大小导入编辑区，作为缩略图显示。

（2）利用工具栏中的对齐工具，将 6 张缩略图对齐排列整齐，如图 5－23 所示。

图 5－23 插入缩略图

(3)再依次拖动6个“图片部件”到缩略图下方，并将“第5章/图片”文件夹下的“big1. jpg－big6. jpg”图片文件以图片大小导入编辑区，作为原始图显示。

(4)选中每张原始图，在“部件交互和注释”面板的“图片名称”中分别命名big1～big6。

(5)右击每张原始图，在弹出的菜单中选择“设为隐藏”，此时图片将不显示，如图5－24所示。

图5－24　图片隐藏

(6)利用工具栏中的对齐工具，将6张原始图重叠排列在缩略图下方正中位置，如图5－25所示。

图5－25　排列好的原始图

(7)选择第一张缩略图，双击“部件交互”的“鼠标单击时”，打开“用例编辑器”。

(8)在“用例编辑器”的左栏“点击新增动作”中选择“部件/显示/隐藏”动作，此时中间栏“组织动作”会显示“隐藏/显示部件”，右栏“配置动作”会显示如图5－26所示的页面所有部件的名称。

(9)在“配置动作”中勾选第一张缩略图对应的原始图“big1”，并设置“可见性”为“显示”；而其它“big2～big6”图片部件设置为“隐藏”，如图5－27所示。

(10)设置好动作，点击“确定”按钮。返回编辑区，根据上面步骤依次设置单击第2至第6张缩略图(见图5－24，从左数起)时，显示第2至第6张原始图，隐藏其它图的交互效果。

图5－26　配置动作栏

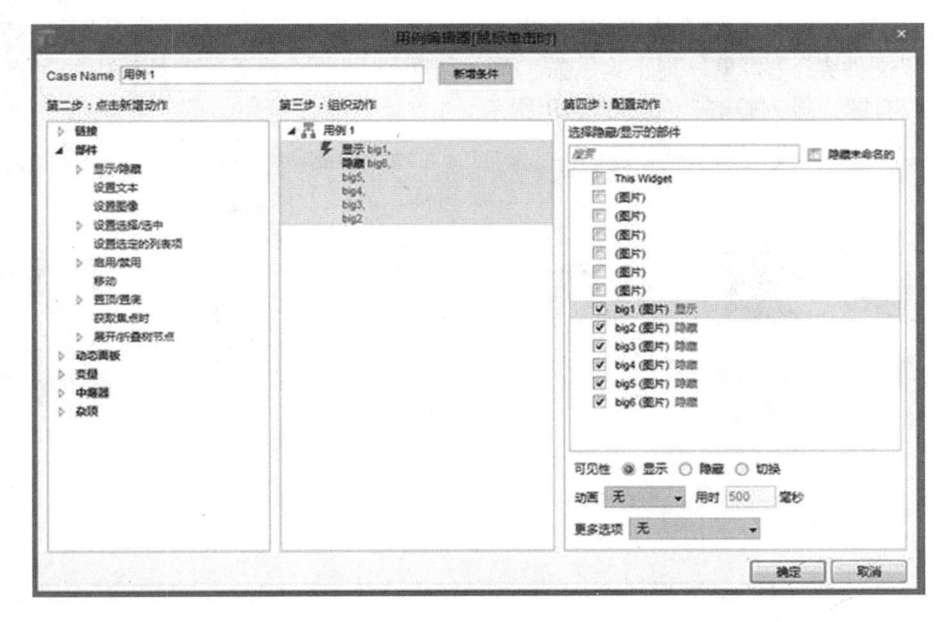

图5－27　设置好的“用例编辑器”

(11)保存预览，在浏览器中可以显示点击缩略图相应原始图显示的效果，如图5－28所示。

图 5－28　本例效果

2. 设置文本

设置文本用于实现在部件上显示或改变文本内容的交互动作。

【例 5－7】　利用"设置文本"交互实现"看图识字"效果。

(1)新建一个 Axure RP 原型文件，拖动 6 个"图片部件"到编辑区，分别导入"第 5 章/图片"文件夹下的"象、狗、鸡、猫、猪、鸟"6 张图片，并通过工具栏中的对齐排列工具将所有图片排列整齐，如图 5－29 所示。

图 5－29　导入图片部件

图 5－30　加入标题文字

(2)拖动一个"标题 1"部件放置在图片上方居中位置，并输入"看图识字"，如图 5－30所示。

（3）拖动一个“单行文本”部件到编辑区图片的下方居中位置，并在工具栏中设置该部件文本为黑体、90号字、加粗、红色、居中显示。此时“单行文本”部件中不输入任何文字，如图5－31所示。最后在“部件交互和注释”面板为该部件命名为“识字区”。

图5－31　加入空文本

图5－32　配置动作

（4）选择“象”图片部件，在“部件交互和注释”面板双击“鼠标单击时”，打开“用例编辑器”，在窗口的左栏“点击新增动作”中选择“部件/设置文本”，中间栏“组织动作”显示“设置文本”，右栏“配置动作”中将显示页面中可设置文本的所有部件，此例选择“识字区（形状）”部件，并设置“将文本设置为”“值”为“象”，如图5－32所示。

（5）设置好动作，点击“确定”按钮。返回编辑区，根据上面步骤依次设置其它图片的交互效果。

（6）保存预览，在浏览器中可以显示点击图片出现文字的效果，如图5－33所示。

图5－33　本例效果

3. 设置图像

设置图像动作只对“图像部件”起作用，用于设置图像部件默认显示的图片，也可以用于鼠标悬停、选中的设置。

【例5－8】 制作翻转图片效果。翻转图片就是当鼠标滑过图片时图片发生变化，鼠标离开图片时图片恢复原样。

（1）新建一个 Axure RP 原型文件，拖动一个“图片部件”到编辑区，导入“第 5 章/图片/banner1. jpg”图片，如图 5－34 所示。

图 5－34 导入 banner

（2）选中该图片，在“部件交互和注释”面板中命名为 banner；然后在“部件交互”下双击“鼠标移入时”，打开“用例编辑器”窗口。

（3）在“用例编辑器”窗口左栏“点击新增动作”下选择“部件/设置图像”，中间栏“组织动作”显示“设置图像”，右栏“配置动作”将显示页面中所有“图片部件”。在“选择要设置图像的图像部件”下勾选“Set banner（图片）”，并在“鼠标悬停时”导入“第 5 章/图片/banner2. jpg”图片，如图 5－35 所示。

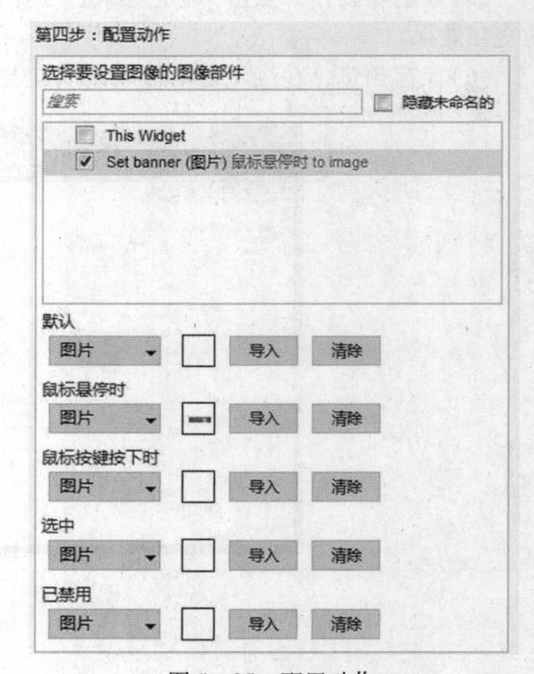

图 5－35 配置动作

（4）设置好后点击“确定”，如果图片选择错误，可以通过“清除”删除已经导入的图片，然后再“导入”新的图片。

（5）保存文档后预览，浏览器显示

页面时当鼠标滑过 banner 图片，该图片将发生变化，离开时恢复，如图 5－36 和图 5－37 所示。

图 5－36　banner 初始状态

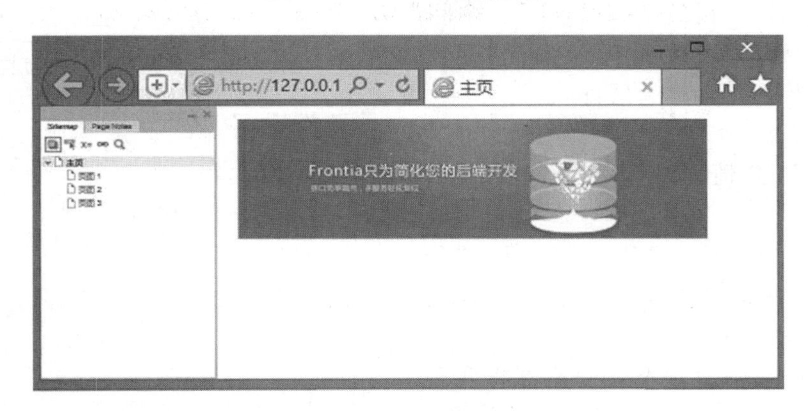

图 5－37　鼠标滑过状态

4. 设置“选择/选中”

设置“选择/选中”交互常用于设置页面元素被选中时的显示效果，一般配合部件“交互样式”中的“选中”设置使用。

【例 5－9】　点击每张图片时，该图片会有外框。

(1) 新建一个 Axure RP 原型文件，拖动 5 个“图片部件”到编辑区。

(2) 分别将“第 5 章/图片”文件夹下的 a1. jpg－a5. jpg 图片文件导入 5 个“图片部件”，并通过工具栏中的对齐排列工具将图片

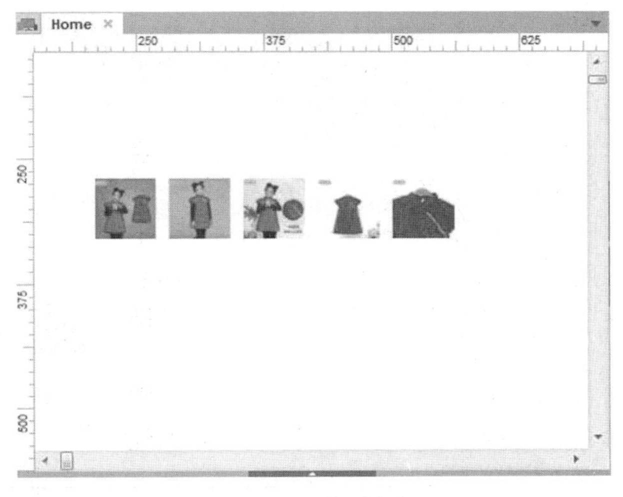

图 5－38　导入图片

排列整齐，如图5－38所示。

（3）选中所有图片，右击鼠标，在弹出的菜单中选择“设置交互样式”。在“设置交互样式”窗口中选择“选中”项并设置线条颜色为黑色，线宽和线型如图5－39所示。

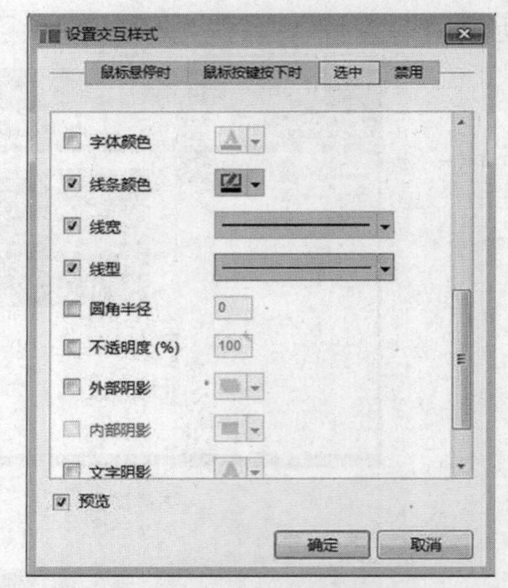

图5－39　设置“选中”交互样式

（4）在“部件交互和注释”面板的名称栏中分别对5张图片部件进行命名，本例依次命名为a1，a2，a3，a4，a5。

（5）选中a1图片，双击“部件交互和注释”面板下交互中的“鼠标点击时”，打开“用例编辑器”。

（6）在“用例编辑器”左栏“点击新增动作”下选择“部件/设置选择/选中”，中间栏“组织动作”显示“设置选中”，右栏“配置动作”中选择要进行设置的部件“a1”，并设置下方的“选择选定状态到”，“值”为“true”。部件a2～a5的“值”为“false”，如图5－40所示。

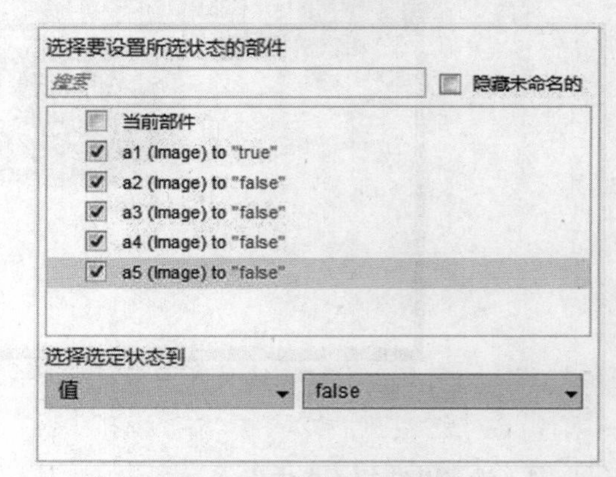

图5－40　设置a1选中

（7）设置好“用例编辑器”后点击“确定”按钮。返回编辑区后依次将a2～a5图片按以上步骤进行“设置选择/选中”交互。

（8）保存文档后预览。浏览器将实现点击图片后该图片出现黑色边框的效果，如图5－41所示。

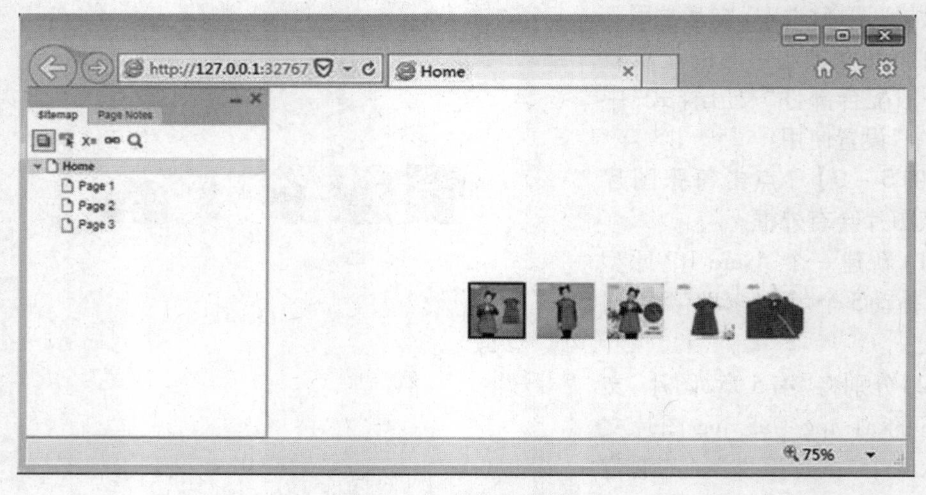

图5－41　本例最终效果

5. 设置选定的列表项

设置选定的列表项交互常用于在下拉列表框和列表选择框中选定某个下拉项。

【例 5－10】 点击产品图片，显示相应状态。

(1)新建一个 Axure RP 原型文件，拖动4 个“图片部件”到编辑区，导入“第5 章/图片”文件夹下的4 张手机图片，并调整好位置，排列整齐，如图5－42 所示。

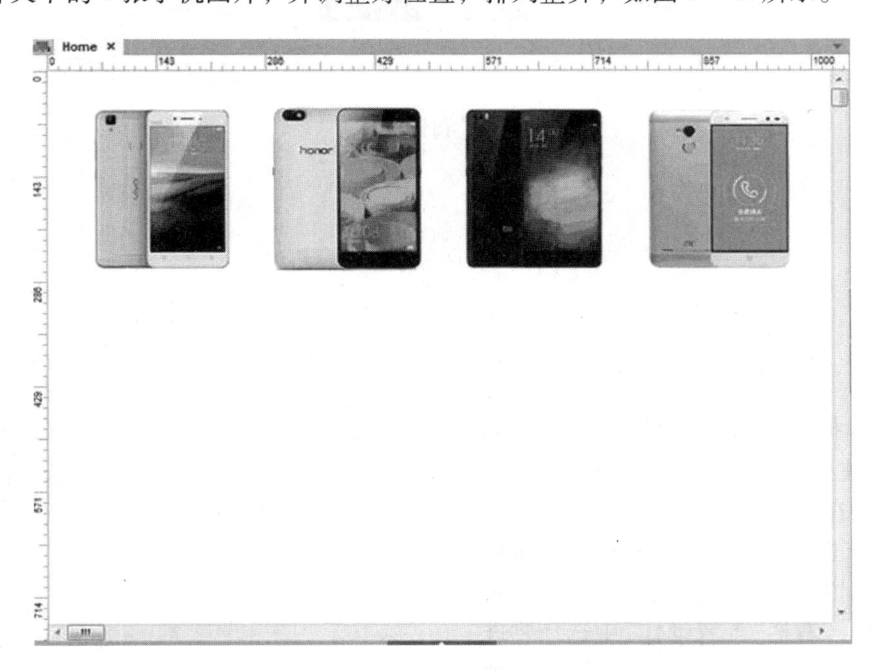

图5－42　导入图片

(2)拖动一个“单行文本”部件到编辑区图片下方，输入“状态:”，设置为黑体、48 号字。

(3)拖动一个“下拉列表框”部件到编辑区“状态:”右侧，双击“下拉列表框”部件，在“编辑选项”窗口增加“在售”“下架”“补货”三个选项，如图5－43 所示。编辑好选项后，点击“确定”按钮。

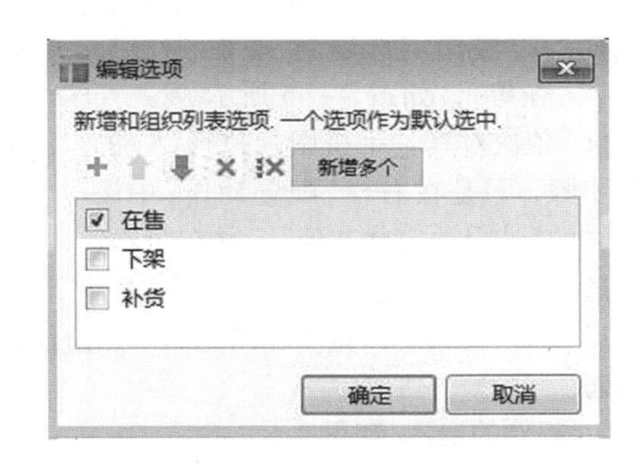

图5－43　编辑选项

(4)设置好“下拉列表框”的高度、宽度、字体大小等，并在“部件交互和注释”中为“下拉列表框”命名为“状态选择”。然后对编辑区各部件的位置进行适当调整，如图5－44 所示。

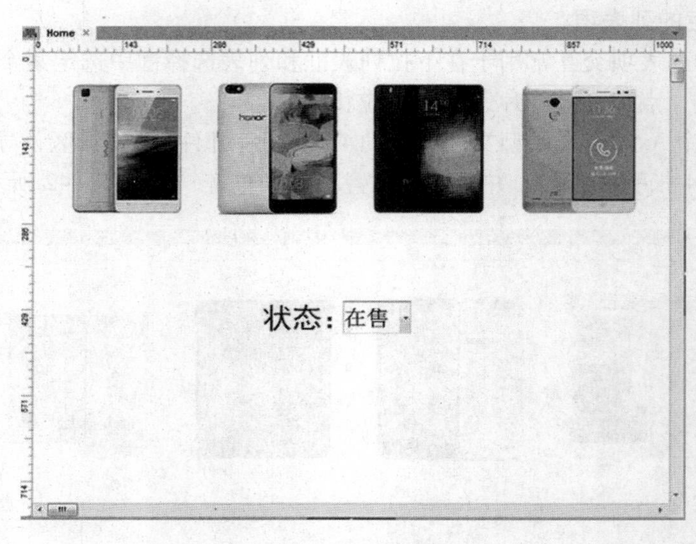

图5－44　本例界面效果

(5)选择第一张手机图片，双击“部件交互和注释”面板下“交互”中的“鼠标单击时”，在“用例编辑器”左栏“点击新增动作”下选择“部件/设置选定的列表项”，中间栏“组织动作”显示“设置选定的列表项”，右栏“配置动作”中选择要进行设置的部件“状态选择(下拉列表框)”，并设置下方的“选择选定状态到”，在“设置选定选项到”一栏中选择“选项”“在售”，如图5－45所示。

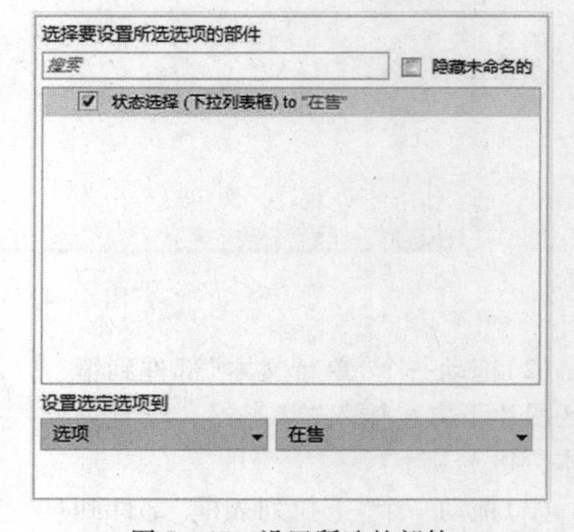

图5－45　设置所选的部件

(6)依次对其它手机图片执行(5)的操作步骤，只是在右栏“配置动作”中设置下方的“选择选定状态到”，并在“设置选定选项到”一栏中选择“选项”为“在售”“下架”或“补货”任意选项。

(7)保存文档后预览。在浏览器中点击任意手机图片，在下拉列表中都会显示手机的状态。

6. 部件的启用/禁用

在默认的情况下，拖动到编辑区域中的部件都是可使用的，即为启用，但有的时候需要禁用一些部件，这时就可以使用“部件的启用/禁用”交互。

【例5－11】　设置部件的启用/禁用。

(1)新建一个 Axure RP 原型文件。使用合适的部件设计出如图5－46所示的界面原型。

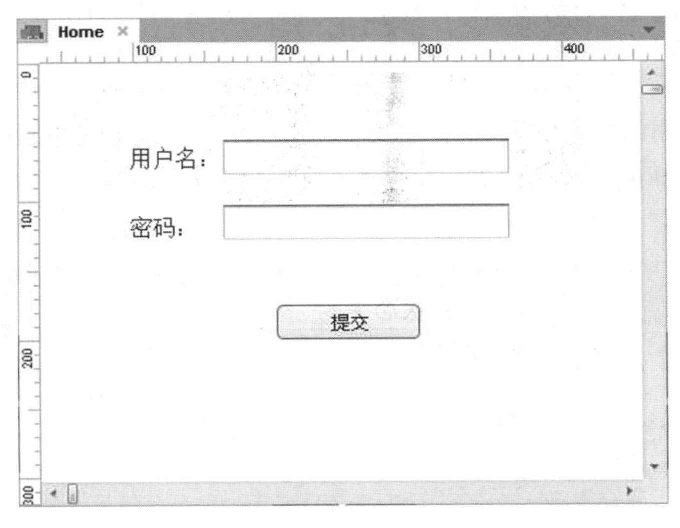

图 5－46　本例界面效果

（2）分别命名“用户名”输入框为“输入用户名”，“密码”输入框为“输入密码”，按钮部件为“提交”。

（3）双击“页面交互”面板中的“页面载入时”，在弹出的“用例编辑器”窗口左栏“点击新增动作”中选择“部件/启用/禁用”，在右栏“配置动作”中“选择启用/禁用的部件”栏下勾选“提交（HTML 按钮）”，并在下方选择“禁用”，如图 5－47所示。

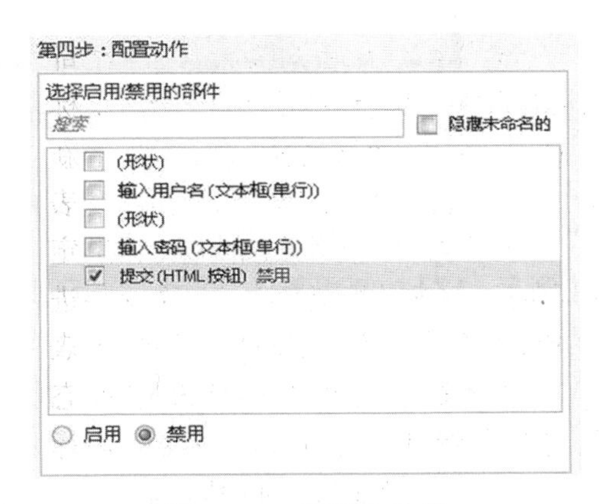

图 5－47　配置动作栏

（4）步骤（3）完成后预览的效果如图 5－48所示，“提交”按钮被禁用，不能使用。

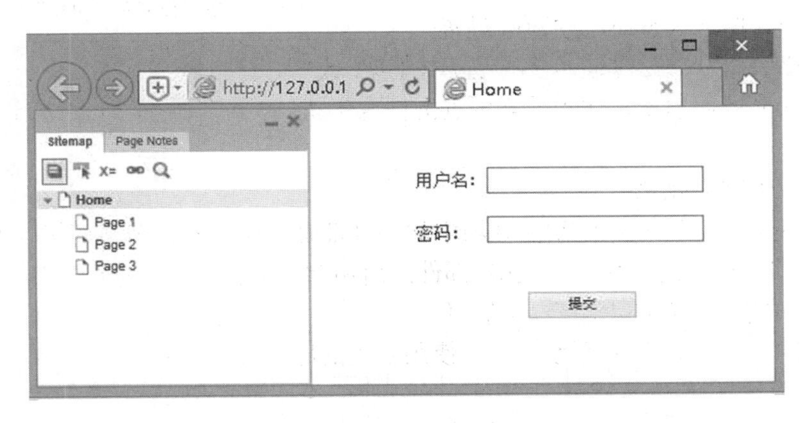

图 5－48　按钮部件禁用

(5)选择“用户名”后的输入框，双击“部件交互和注释”面板“交互”下的“更多事件”，在弹出的事件中选择“鼠标单击时”。

(6)在弹出的“用例编辑器”窗口左栏选择“部件/启用/禁用”，在右栏“配置动作”中“选择启用/禁用的部件”栏下勾选“提交(HTML 按钮)”，并在下方选择“启用”。

(7)保存文档后预览。此时分别点击浏览器中的输入框将启用按钮部件，效果如图 5－49所示。

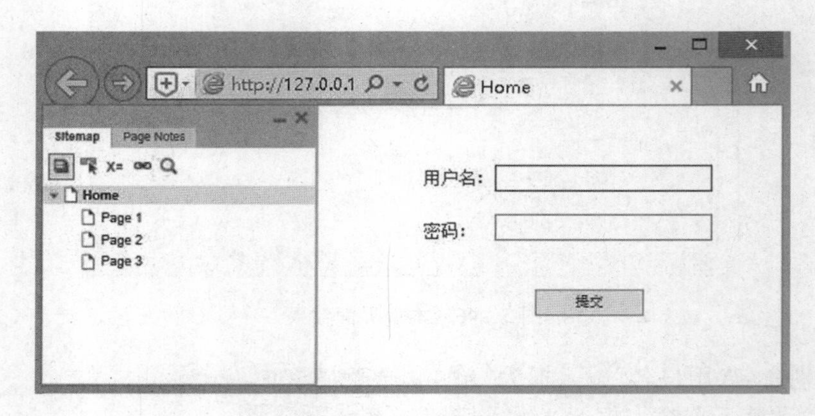

图 5－49　最终效果

7. 移动

“移动”交互可以设置部件的相对位置、绝对位置，以及动画效果和移动时间。

【例 5－12】　利用部件“移动”交互制作网站导航。实现导航下的线条随着选择的按钮进行移动。

(1)新建一个 Axure RP 原型文件，使用合适的部件设计出如图 5－50 所示的界面原型。

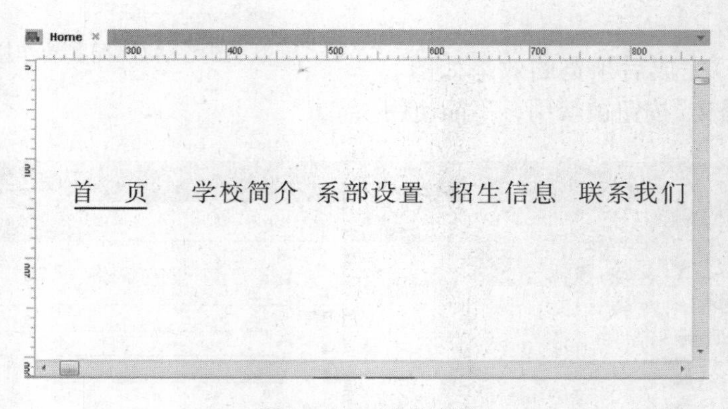

图 5－50　界面效果

(2)选中“横线”部件，命名部件为“移动线”。选择“学校简介”，双击“部件交互和注释”面板“交互”下的 “鼠标移入时”。在弹出的“用例编辑器”窗口左栏选择“部件/移动”，在右栏“配置动作”中“选择移动的部件”栏下勾选“移动线”。

(3)在右栏“配置动作”下方分别有两个参数设置：

• 移动：设置部件移动到 X 轴和 Y 轴的位置，分别有相对移动和绝对移动。本例“学校简介”的 X 轴为 378 像素，所以“移动线”水平移动到“学校简介”按钮下时，X 轴为 378 像素，Y 轴保持原来的 145 像素。

• 动画：设置移动的效果。本例选择“线性”。

• 用时：设置移动使用的时间，数值越大越慢。本例设置 500 毫秒。

本例“配置动作”效果如图 5－51 所示。

(4)保存文档后预览。在浏览器中当鼠标滑过“学校简介”按钮时，横线将移动到该按钮下方。

图 5－51　本例配置动作

8. 置于顶层/底层

“置于顶层/底层”交互可以改变部件在编辑区的上下排列位置。

【例 5－13】 利用部件“置于顶层/底层”交互制作图片切换显示效果。

(1)新建一个 Axure RP 原型文件，分别导入“第 5 章/图片”文件夹中的“风景 1. jpg”“风景 1_ 1. jpg”“风景 2. jpg”和“风景 2_ 1. jpg”，并将两张小图并排排列，两张大图重叠排放在小图下方，如图 5－52 所示。

(2)分别给两张大图部件命名为 big1 和 big2。

图 5－52　界面原型

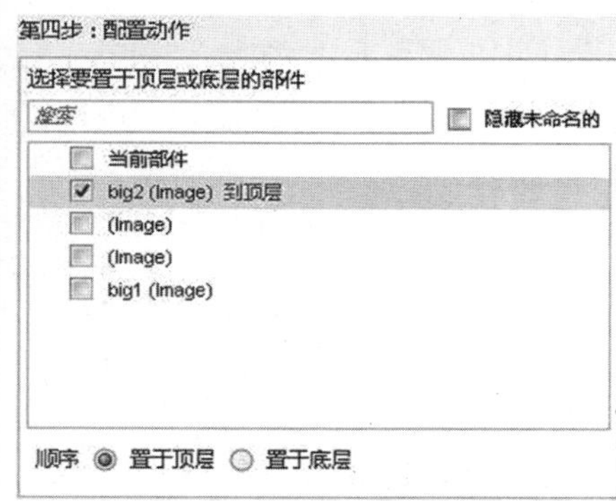

图 5－53　本例配置动作

(3)选择“风景2”图片，双击“部件交互和注释”面板“交互”下的“鼠标单击时”。在弹出的“用例编辑器”窗口左栏选择“部件/置于顶层/底层”，在右栏“配置动作”中“选择要置于顶层或底层的部件”栏下勾选“big2(image)到顶层”，下面“顺序”选择“置于顶层”，如图5-53所示。

(4)选择“风景1”图片，双击“部件交互和注释”面板“交互”下的“鼠标单击时”。在弹出的“用例编辑器”窗口左栏选择“部件/置于顶层/底层”，右栏“配置动作”中在“选择要置于顶层或底层的部件”栏下勾选“big1(image)”，下面“顺序”选择“置于顶层”。

(5)保存，预览。点击浏览器中的两个小图就可以分别显示相应大图。

9. 获得焦点时

“获得焦点时”交互可以使编辑区的部件获得焦点，例如输入框获得焦点才可以输入文字。

10. 展开/折叠树节点

该交互只有“树部件”起作用，可以设置“树部件”节点展开/收起的切换效果。

5.3.3 杂项

杂项只有两个常用的交互行为，即“等待”和“其它”。

1. 等待

“等待”交互可以按指定时间延迟动作，1秒=1000毫秒。

【例5-14】 等待3秒后关闭广告窗口。

(1)打开“第5章”文件夹下的“例5-14.rp”原型文件。本例有两个页面，其中Page1为广告页。

(2)打开Page1页进行编辑，在“页面交互”面板双击“页面载入时”，在弹出的“用例编辑器”窗口左栏选择“杂项/等待”，在右栏“配置动作”的“以毫秒为单位输入等待时间”中输入“3000”毫秒。

(3)然后再选择左框中的“链接/关闭窗口”。Page1的“页面交互”面板如图5-54所示。

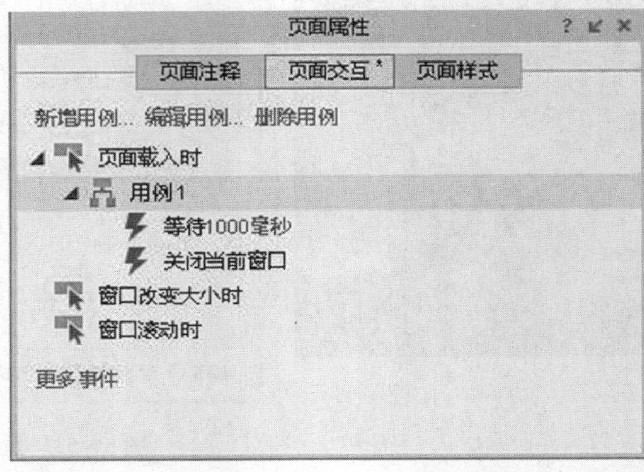

图5-54 Page1的页面交互

(4)保存文档后预览，当打开浏览器且 Home 页面打开的同时将显示 Page1 广告页，等待 3 秒后，广告页消失。

2. 其它

“其它”交互可以实现弹出一个信息框的效果。

【例 5 －15】 弹出信息框。

(1)打开“第 5 章”文件夹下的“例 5 －15. rp”原型文件。

(2)在“页面交互”面板下双击“页面载入时”，在弹出的“用例编辑器”窗口左栏选择“杂项/等待”，在右栏“配置动作”的“以毫秒为单位输入等待时间”中输入“2000”毫秒。

(3)然后再选择“杂项/其它”，在右栏“配置动作”中“输入弹出窗口的文字描述:”下把“第 5 章”文件夹下 word 文档的内容复制过来，如图 5 －55 所示。

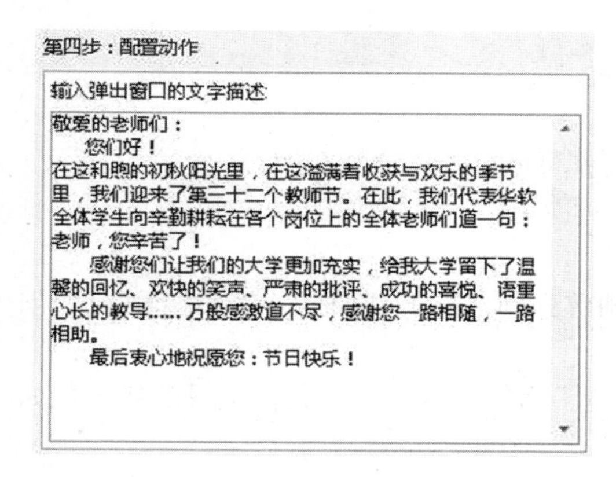

图 5 －55 “其它”的配置动作

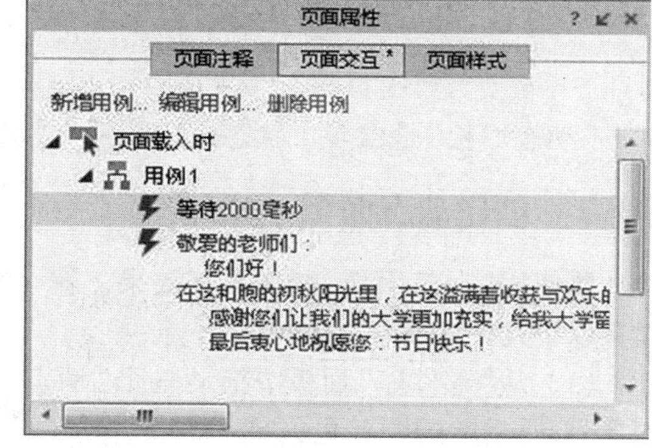

图 5 －56 本例页面交互

(4)点击“确定”按钮后，本例“页面交互”面板如图 5 －56 所示。

(5)保存，预览。当浏览器打开页面 2 秒后将弹出一个信息框。

6 动态面板

“动态面板”部件是 Axure RP 中功能最强大的部件，也是唯一一个可以包含其它部件的部件。使用“动态面板”部件可以更加轻松地进行部件的变化、移动和交互；动态面板还可以根据不同的情况显示不同的状态。

6.1 动态面板的基本操作

“动态面板”是由多个状态组成，每个状态都可以放置任意的部件。

6.1.1 创建动态面板

要使用“动态面板”制作交互效果，就必须首先创建“动态面板”。“动态面板”的创建有以下几个步骤。

(1) 从“部件库”面板中拖动一个“动态面板”部件到编辑区，此时编辑区将出现如图 6－1 所示的透明蓝色区域。

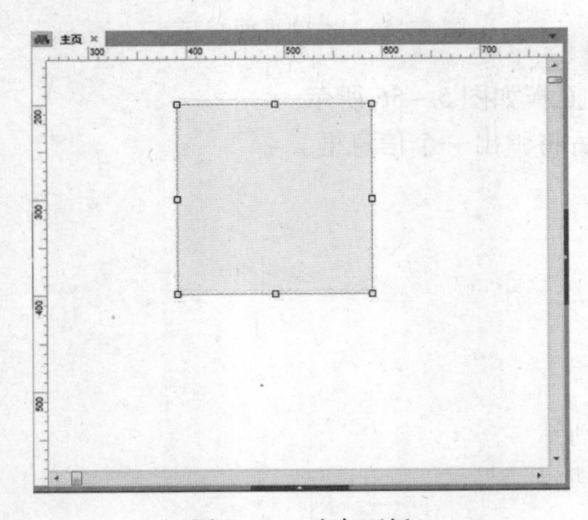

图 6－1 动态面板

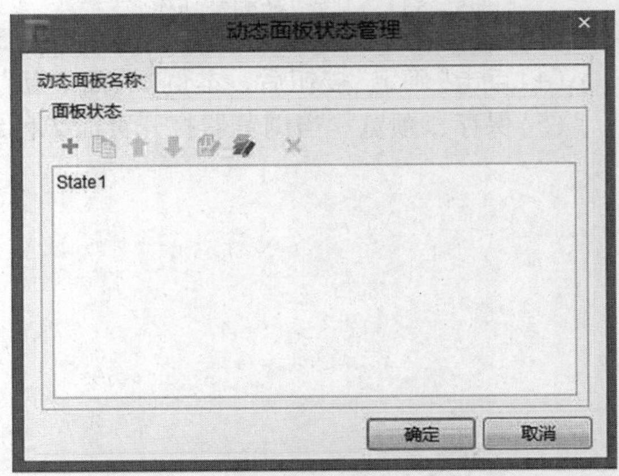

图 6－2 “动态面板状态管理”窗口

(2) 双击“动态面板”，弹出如图 6－2 所示“动态面板状态管理”窗口。

①动态面板名称：在该输入框中输入为动态面板取的名字。

②面板状态：将显示动态面板中包含的状态数。

③ 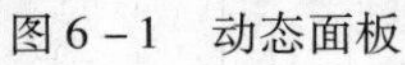：新建一个状态。

④ ：复制一个状态。

⑤ ：状态上移。

⑥ ：状态下移。

⑦ ：编辑状态。

⑧ ：编辑所有状态。

⑨ ：删除状态。

(3)双击“状态1”，进入到“动态面板”的“状态1”编辑界面。编辑界面如图6－3所示，显示一个蓝色区域。在“动态面板”中显示的所有元素都必须放置在区域以内，否则将不能正常显示。

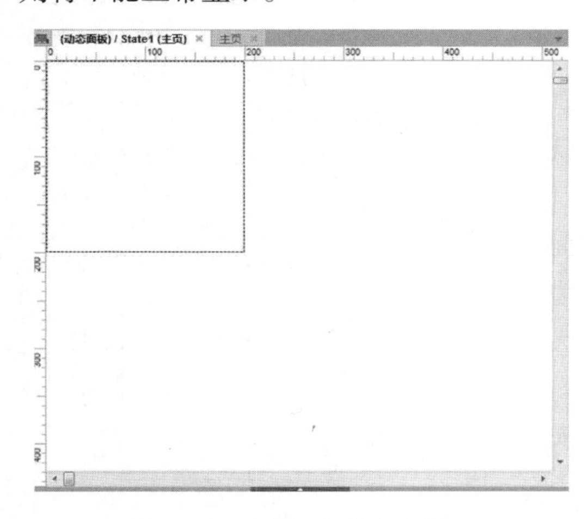

图6－3　动态面板状态编辑区

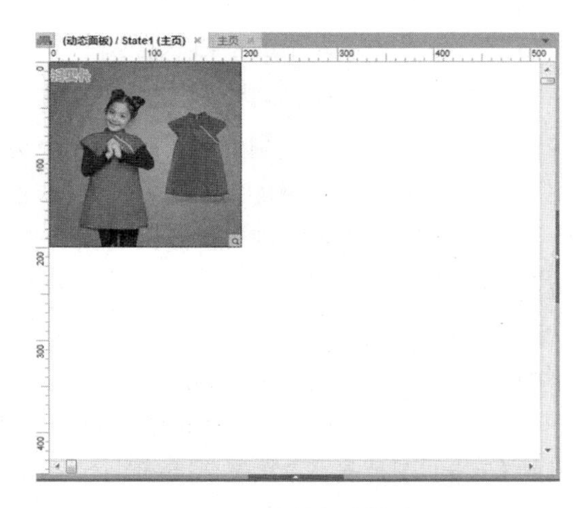

图6－4　编辑好的状态1

(4)拖动一个“图片部件”到状态编辑区，调整“图片部件”大小和位置与蓝色区域一致导入“第6章/图片”文件夹下的b1. jpg，效果如图6－4所示。

(5)返回“主页”编辑区，此时“动态面板”将会显示“状态1”的内容，如图6－5所示。

图6－5　“动态面板”效果图

除了使用拖动“动态面板”到编辑区的方法创建“动态面板”外，还可以使用将部件转为“动态面板”的方法。首先将一个部件拖动到编辑区，调整好该部件的大小，然后鼠标右击该部件，此时在弹出的菜单中选择“转换为动态面板”命令，就可以将该部件直接转换为“动态面板”的“状态 1”。

6.1.2 增加状态

按照上节的操作步骤所建的“动态面板”只包含一个“状态”，如果要利用“动态面板”实现多个画面的切换效果，就要增加多个“状态”。

增加状态的方法有以下三种：

(1)通过“动态面板状态管理”窗口中的 ✚ 按钮新建一个状态，新建的状态将是一个与“状态 1”一样大小的空白状态。

(2)通过“动态面板状态管理”窗口中的 按钮复制一个状态，复制的状态将是一个与“状态 1”大小、内容一样的状态。

(3)利用“部件管理”面板，右击“动态面板”下的“状态 1”，在弹出的菜单中选择“新增状态”，新建的状态将是一个与“状态 1”一样大小的空白状态，如图 6－6 所示。

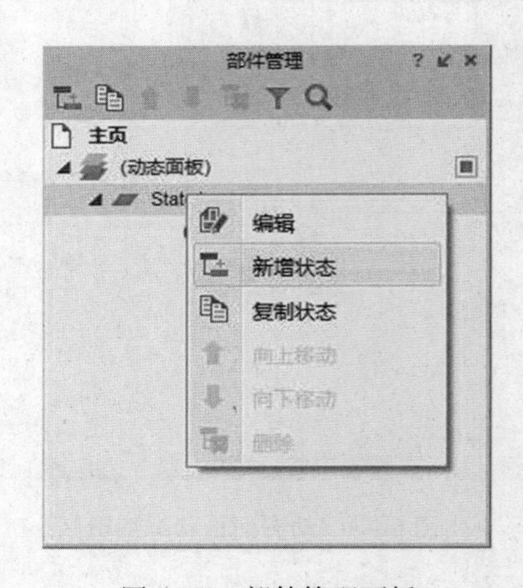

图 6－6　部件管理面板

增加“状态 2”后，将“第 6 章/图片”文件夹下的 b2. jpg 图片导入“状态 2”编辑区，返回“主页”编辑后显示的仍然是“状态 1”的图片。这是因为“动态面板”默认会显示排列在第一位状态中的内容，其它状态的内容必须通过添加“交互”实现显示。

可以通过“动态面板状态管理”窗口和“部件管理”改变“动态面板状态”的顺序，从而改变初始显示的状态。

6.1.3 固定到浏览器

我们在浏览网页时经常会用到当页面滚动时其中的某张图片或其它元素不随着页面滚动，位置始终保持不变。在制作此交互原型时，可以使用动态面板的“固定到浏览器”属性。

【例 6－1】　设置按钮位置固定。

(1)打开“第 6 章/例 6－1. rp”原型文件，效果如图 6－7 所示。

(2)选择编辑区的“关闭”按钮图片，右击鼠标转换为“动态面板”。

(3)选择转换为“动态面板”的“关闭”按钮，在“部件属性和样式”面板中点击“固定

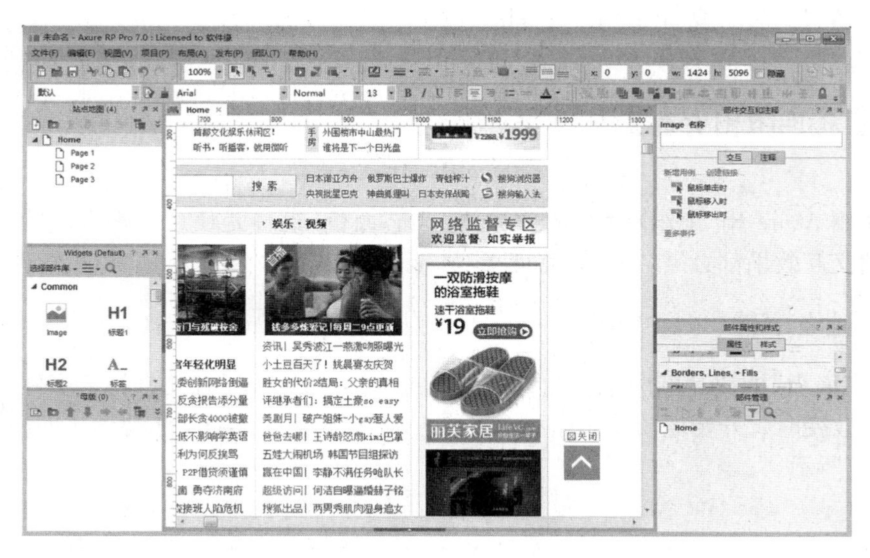

图 6 – 7　本例界面效果

到浏览器”，此时弹出如图 6 – 8 所示的“固定到浏览器”窗口。

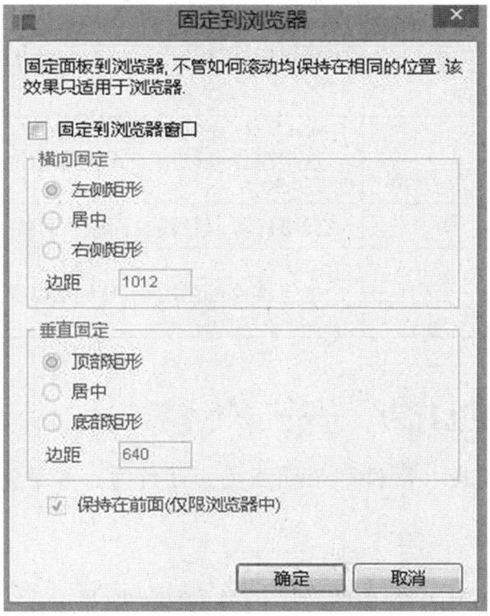

固定到浏览器

固定面板到浏览器，不管如何滚动均保持在相同的位置. 该效果只适用于浏览器.

固定到浏览器窗口

横向固定

左侧矩形

居中

右侧矩形

边距 1012

垂直固定

顶部矩形

居中

底部矩形

边距 640

保持在前面(仅限浏览器中)

确定　取消

图 6 – 8　“固定到浏览器”窗口

勾选“固定到浏览器窗口”，然后在“横向固定”中选择“右侧矩形”、边距 20；“垂直固定”中选择“居中”。最后，勾选“保持在前面(仅限浏览器中)”。设置完成后，单击“确定”按钮。

(4)保存文档后预览。在浏览器浏览时“关闭”按钮将始终在浏览器的右侧居中位置，不会随着页面的滚动而滚动。

6.2 动态面板的交互

在使用 Axure RP 制作原型的过程中，“动态面板”部件是使用频率最高的部件，很多复杂的交互效果都必须结合“动态面板”才能实现。

6.2.1 触发事件

“动态面板”的交互事件除了表5－1中包括的事件外，还有几个特定事件，即动态面板状态改变时、开始拖动动态面板时、拖动动态面板时、结束拖动动态面板时等等，如表6－1所示。

表6－1 触发事件说明

序号	触发事件	说明
1	动态面板状态改变时	这个事件经常用来触发面板状态改变的一连串交互
2	开始拖动动态面板时	这组事件经常用于“拖动”动作过程中产生的交互效果
3	拖动动态面板时	
4	结束拖动动态面板时	
5	向左滑动时	这组事件可以用于 APP 原型中左右滑屏效果的制作
6	向右滑动时	
7	载入时	此事件可以替代页面载入事件
8	向上滑动时	这组事件可以用于 APP 原型中上下滑屏效果制作。
9	向下滑动时	

6.2.2 动态面板的交互行为

第5章详细介绍了链接、部件和杂项三类交互行为，本章将继续介绍另一类交互行为，即动态面板。

1. 设置面板状态

“设置面板状态”交互用于制作图片、内容的切换效果。

【例6－2】 幻灯广告。

（1）新建一个 Axure RP 原型文件。拖动一个“图片部件”到编辑区，导入“第6章/图片”文件夹下的01. jpg 图片，并将该图片转换为“动态面板”。

（2）双击该动态面板，打开“动态面板状态管理”窗口，动态面板名称：广告；新增四个状态，窗口效果如图6－9所示。

（3）分别进入状态2～状态5的编辑区，将“第6章/图片”文件夹下的02. jpg～

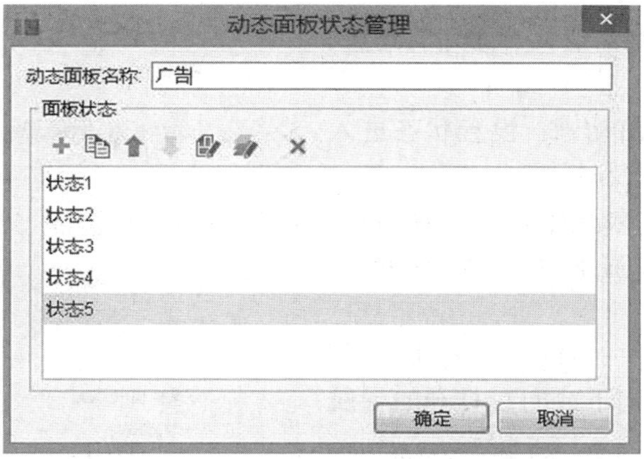

图 6－9　设置好的动态面板

05. jpg 图片分别导入到状态 2 ～状态 5。

(4)返回页面编辑区，分别将“第 6 章/图片”文件夹下的“上一个 . jpg”和“下一个 . jpg”图片放到广告图片的两边，效果如图 6－10 所示。

图 6－10　本例界面效果

(5)选择“下一个”按钮图片，双击“部件交互和注释”面板下“交互”中的“鼠标单击时”。

(6)在打开的“用例编辑器”窗口选择左栏“点击新增动作”中的“动态面板/设置面板状态”，在右栏“配置动作”中“选择要设置状态的动态面板”下选择“广告”，如图 6－11

所示。

● 选择状态：设置下一个要显示的状态。

● 进入动画/退出动画：设置状态进入和退出时的动画效果及时间。

● 显示面板：如果开始设置了“隐藏动态面板”，就要勾选“显示面板”才能正常显示状态画面。

● 展开/收起部件：通过“展开/收起部件”可以制作子菜单向下或向右打开的导航效果。

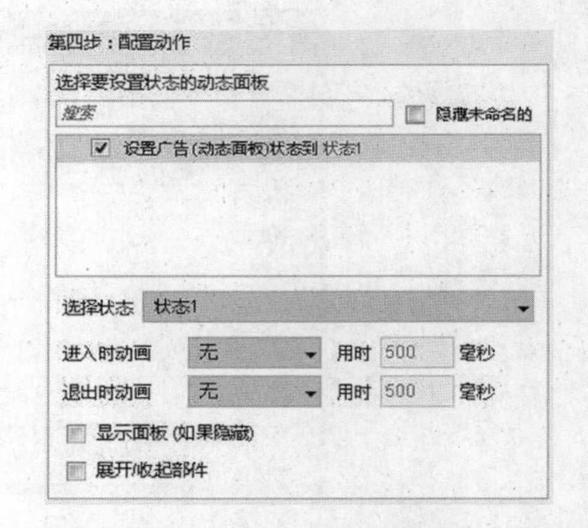

图 6－11　设置面板状态的配置动作

(7)本例“选择状态”为 next，此时还会出现“从最后一个到第一个自动循环”和“循环间隔”两个选项。如果每个状态可以循环变化，就选择“从最后一个到第一个自动循环”；如果每个状态自动变化，就设置“循环间隔”。

(8)本例“下一个”按钮设置的动作如图 6－12 所示，设置好后点击“确定”按钮。

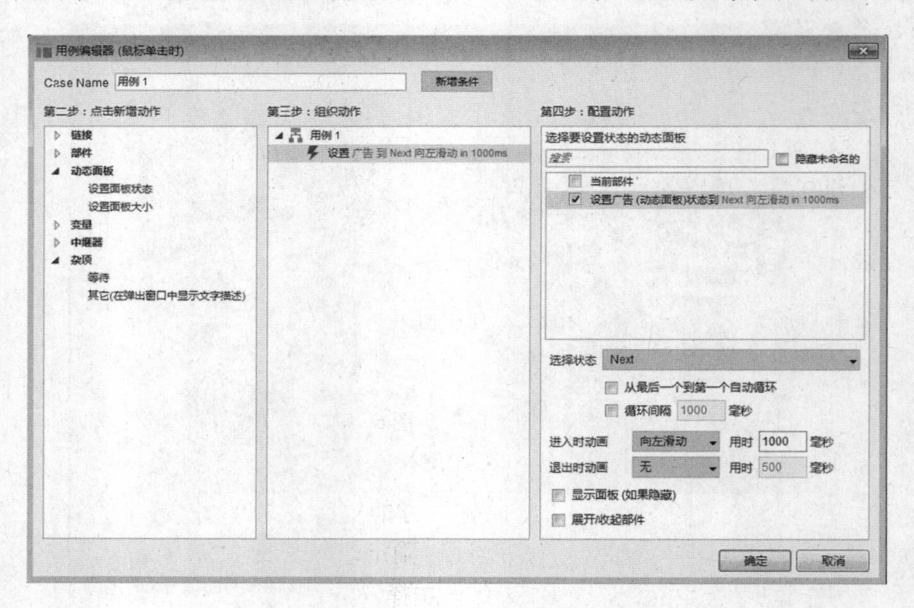

图 6－12　“下一个”按钮动作

(9)选择“上一个”按钮图片，双击“部件交互和注释”面板下“交互”中的“鼠标单击时”。

(10)在打开的“用例编辑器”窗口选择左栏“点击新增动作”中的“动态面板/设置面板状态”，在右栏“配置动作”中“选择要设置状态的动态面板”下选择“广告”；“选择状态”为 previous，“进入时动画”为向右滑动，用时 500 毫秒，然后点击“确定”按钮。

(11)保存，预览。在浏览器显示时，分别点击“下一个”或“上一个”按钮，广告图片会向左或向右显示下一张图片或上一张图片。

2. 设置面板大小

“设置面板大小”可以改变动态面板的宽和高。如果要设置某个部件的宽和高，可以先将该部件转换为“动态面板部件”，然后再使用“设置面板大小”动作。

【例 6 -3】 下拉菜单的制作。

(1)新建一个 Axure RP 原型文件。拖动一个“矩形部件”到编辑区，设置背景颜色为黑色，无边框色，宽度为 110 像素，高度为 40 像素，输入“公司介绍”，字体为宋体，16 号，粗体，白色。

(2)再拖动一个“矩形部件”到“公司介绍”下面，背景颜色为黑色，无边框，宽度 110 像素，高度为 100 像素。再分别拖动三个“文本部件”放置在“矩形部件”上面，分别输入“公司发展”“公司理念”“公司组成”，文字 14 号，宋体。

(3)选中所有对象，然后转换为“动态面板”，效果如图 6 - 13 所示。

(4)改变“动态面板”高度为 40 像素，只显示“公司介绍”文本内容，下方子菜单不显示。

(5)选择“动态面板”在“部件交互和注释”面板中命名为“公司介绍”，双击“交互”中的“鼠标单击”。

(6)在打开的“用例编辑器”窗口左栏“点击新增动作”下选择“动态面板/设置面板大小”，在右栏“配置动作”中“选择动态面板来调整大小”下选择“公司介绍”，然后设置下方的宽度为 110 像素，高度为 140 像素，动画为“线性”，用时 1000 毫秒。设置好点击“确定”按钮。

图 6 - 13 本例界面效果

(7)再次选择“动态面板”在“部件交互和注释”面板中命名为“公司介绍”，单击“交互”下的“更多事件”，然后双击“鼠标移出时”。

(8)在打开的“用例编辑器”窗口左栏“点击新增动作”下选择“动态面板/设置面板大小”，在右栏“配置动作”中“选择动态面板来调整大小”下选择“公司介绍”，然后设置下方的宽度为 110 像素，高度为 40 像素。设置完成后点击“确定”按钮。

(9)保存，预览。在浏览器中点击“公司介绍”按钮将弹出子菜单，鼠标离开按钮将隐藏子菜单。

7 高级交互

Axure RP 中可以通过设置触发事件、条件逻辑和变量来设置高级功能，实现更加复杂、逼真的交互效果。虽然是高级交互，但是在 Axure RP 中也不会涉及代码的编写，只需要在编辑器界面创建交互，使用条件编辑器就可以了。

7.1 基础知识

7.1.1 if…else if 语句

在高级交互中还会使用分支逻辑去确定用例、场景、功能如何按条件对用户交互做出响应。if 语句就是 Axure RP 高级交互中用于按条件对交互做出响应的分支语句。

下面举例说明 if 语句的应用。

例如，在页面有一个包含“三角形、正方形、圆形”的下拉列表和一个动态面板，当用户在下拉列表中选择不同选项时，动态面板显示相应的三角形、正方形和圆形。要完成这个交互操作就必须使用高级交互中的 if 语句。根据第 5 章阐述的 3 个 W 原则，本例中的 3 个 W 分别是：

(1) When：选项改变时。

(2) Where：下拉列表。

(3) What：设置动态面板状态。

本例因为下拉列表有三个选择项，所以在实现交互时必须根据用户选择的三个选项，分别去设置动态面板状态。这就需要在 3 个 W 的基础上再增加一个 Conditions，条件如下：

(1) if 用户从下拉列表框中选择“三角形”选项，动态面板显示为“三角形”。

(2) else if 用户从下拉列表框中选择“正方形”选项，则动态面板显示为“正方形”。

(3) else if 用户从下拉列表框中选择“圆形”选项，则动态面板显示为“圆形”。

在 Axure RP 中正确实现的“部件交互和注释”面板如图 7－1 所示，都是由 if 语句组合的。

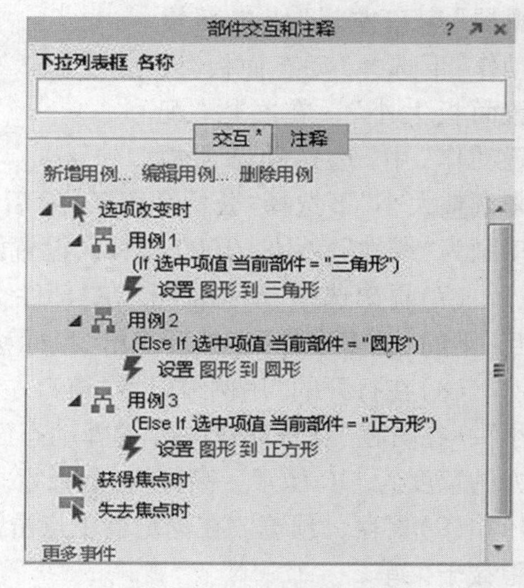

图 7－1 本例交互面板

7.1.2 and 和 or

and 和 or 是条件运算符，用于连接两个或两个以上的条件来创建有意义的复合条件语句。其中 and 连接条件，是代表所有条件都必须满足；or 连接条件，是代表只需要满足所有条件中的一个条件即可。

例如，网页中的用户登录交互，其中判断用户是否可以正常登录，就要同时满足用户名输入正确、密码输入正确这两个条件，即用户名 = true and 密码 = true。

又例如，登录时当用户名输入错误时的判断，就只要满足一个条件，即用户名 = 空 or 用户名≠正确的用户名。

7.2 条件生成

在“用例编辑器”的顶部右侧，点击“新增条件”，就可以打开如图 7 – 2 所示的“条件生成”窗口。

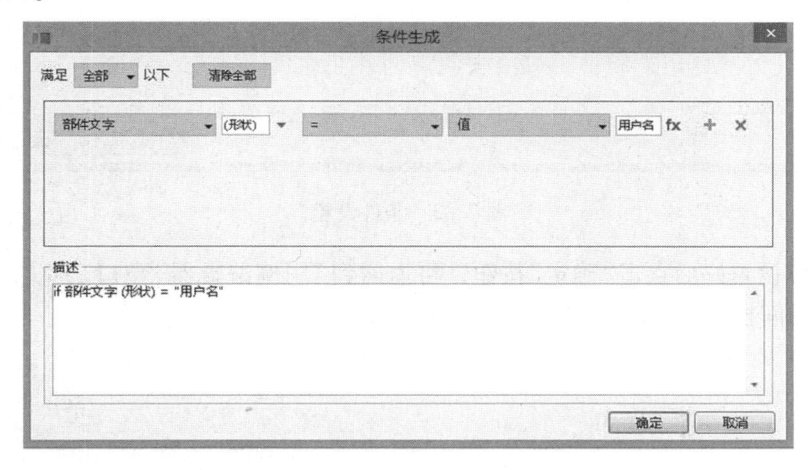

图 7 – 2 “条件生成”窗口

“条件生成”窗口包含三个部件：

(1)满足“全部/任意”以下：是由于设置以下条件是 and 关系还是 or 关系。

(2)清除全部：删除设置的条件。

(3)上方框中内容：设置相应的条件。其中 ✚ 可以增加多个条件，✖ 可以删除条件。

(4)描述：将上方框中设置条件用文本的形式描述出来。

【例 7 – 1】 不同图形的显示。当用户在下拉列表中选择不同选项时，动态面板显示相应的三角形、正方形和圆形。

(1)打开“第 7 章/例 7 – 1. rp”原型文件。在该文件中已经有一个“下拉列表部件”和一个“动态面板部件”。

（2）选择“动态面板部件”，在“部件交互和注释”面板中为该部件命令为“图形”。

（3）选择“下拉列表部件”，双击“部件交互和注释”面板下“交互”中的“选项改变时”。

（4）在打开的“用例编辑器”中点击右上方的“新增条件”，弹出如图7－2所示的“条件生成”窗口。

（5）在“条件生成”窗口中将条件如图7－3所示进行设置，即，如果当前部件（下拉列表）选中项值＝选项“三角形”。

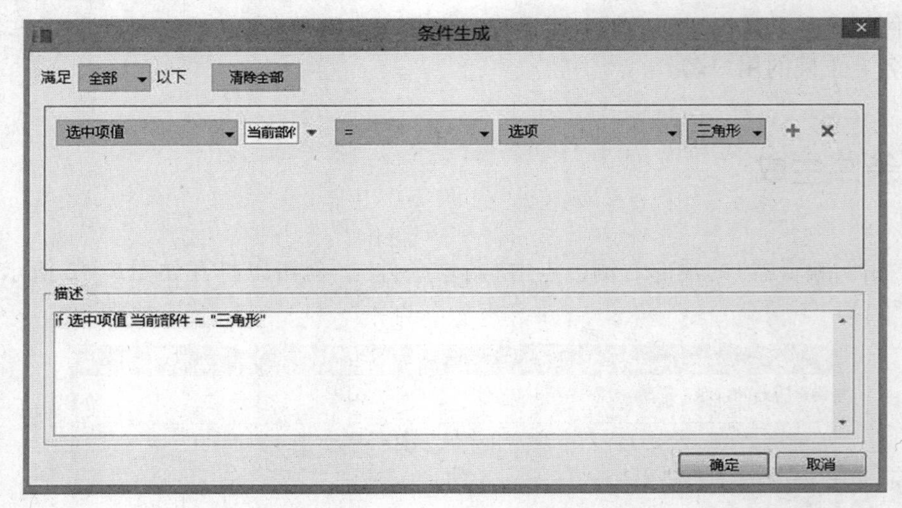

图7－3　条件设置

（6）条件设置好后点击“确定”按钮，将返回到“用例编辑器”窗口。此时“用例编辑器”窗口的中间栏“组织动作”中将如图7－4所示出现if条件。

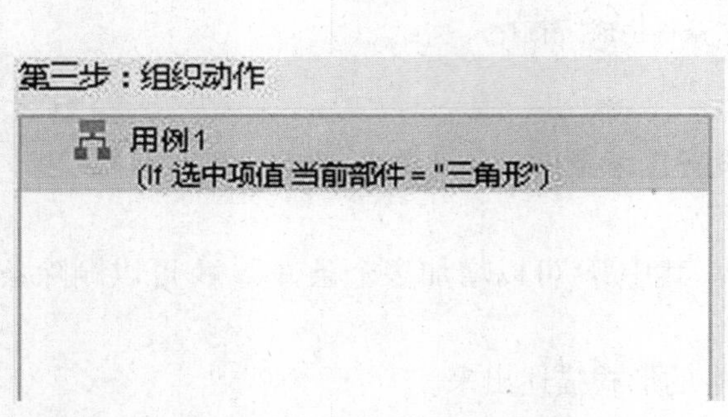

图7－4　组织动作

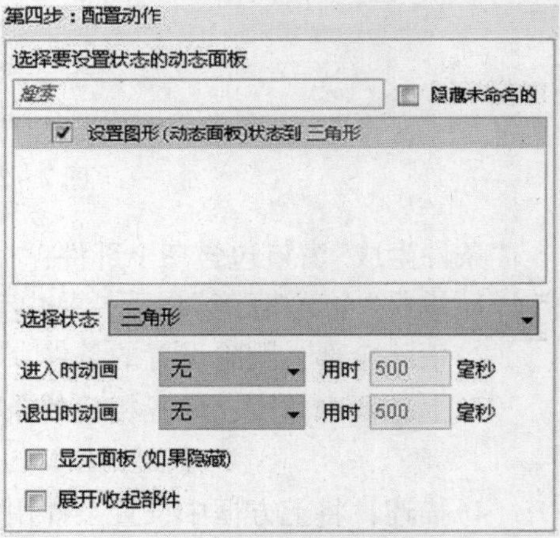

第四步：配置动作
选择要设置状态的动态面板
搜索
隐藏未命名的
设置图形(动态面板)状态到 三角形
选择状态 三角形
进入时动画 无 用时 500 毫秒
退出时动画 无 用时 500 毫秒
显示面板(如果隐藏)
展开/收起部件

图7－5　配置动作

（7）选择左栏“点击新增动作”下的“动态面板/设置面板状态”，在右栏“配置动作”下选择要设置状态的动态面板“图形”，在下方选择状态“三角形”，如图7－5所示。

设置完成后点击“确定”按钮，这样当用户选择“下拉列表”中的“三角形”时，动态面板显示“三角形”的交互就完成了。返回页面编辑区，对“下拉列表”再进行两次同样的操作，只是在条件中分别将选择项对应“正方形”和“圆形”；在“动态面板”选择状态时分别选择“正方形”和“圆形”。这样本例就全部完成了。

7.3 变量

7.3.1 变量概述

日常生活中，我们无时无刻不在使用着变量，如银行账户、学校学生的总数等，这些数据会随着时间、情况的变化而发生改变。

在计算机中，变量就是用来存储这些经常变化的数据，同时还起到传递数据的作用。例如，用户在网站的登录网页输入用户名“＊＊”，“＊＊”将存储到一个变量中，当登录正确后进入下一个页面时，在该页面会显示用户名“＊＊”，这就是变量将用户名传递到了该页面。

在 Axure RP 中变量有两种类型。

(1)局部变量。只在使用该局部变量的动作中有效，在这个动作以外就无效，因此局部变量不能与原型中其它动作里的函数一起使用。不同的动作可以使用相同的局部变量名称，因为它们的作用范围不同，并且都是只在其当前动作中有效，所以不会相互干扰。

(2)全局变量。在整个原型中都是有效的，因此全局变量的命名不能重复。如上面用户名传递的例子，就必须是用全局变量来储存用户名。

7.3.2 创建和设置变量值

要管理原型中的变量，点击菜单栏中的“项目/全局变量”，将会弹出如图 7 – 6 所示的“全局变量”窗口。

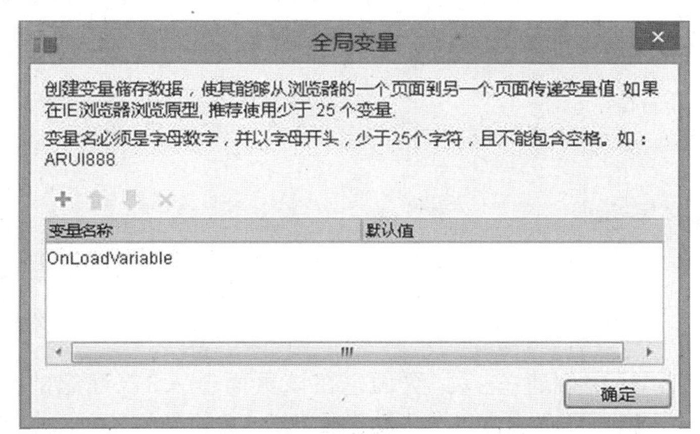

图 7 – 6　全局变量

在“全局变量”窗口中，可以对全局变量进行添加、删除、重命名和排序操作。默认情况下有一个名为“OnLoadVariable”的变量，该变量可以删除或改名。变量命名是必须使用英文、数字，并少于25个符号，但不能使用中文和空格符。

7.3.3 变量的交互

下面通过两个实例来介绍在 Axure RP 中使用变量的方法。

【例7-2】 登录后，进入页面显示“＊＊欢迎您的光临”。

(1)打开“第7章/例7-2.rp”原型文件。该原型文件中已经包含一个“登录页”，界面如图7-7所示。

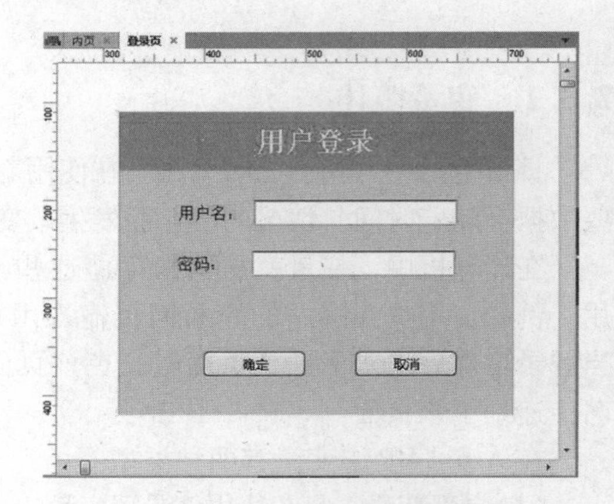

图7-7 用户登录界面

(2)点击“项目/全局变量”菜单命令，在弹出的“全局变量”窗口中将“OnLoadVariable”变量名改为“username”，点击“确定”按钮。此处设置一个保存“用户名”的变量，因此“用户名”要传递到下一个页面，所以该变量为“全局变量”。

(3)选择“确定”按钮，双击“部件交互和注释”面板下“交互”中的“鼠标单击时”。

(4)在打开的“用例编辑器”左栏“点击新增动作”中选择“变量/设置变量值”，右栏“配置动作”中选择要设置的变量“username”，然后在“设置变量值为”选择：部件文字、用户名框，如图7-8所示。

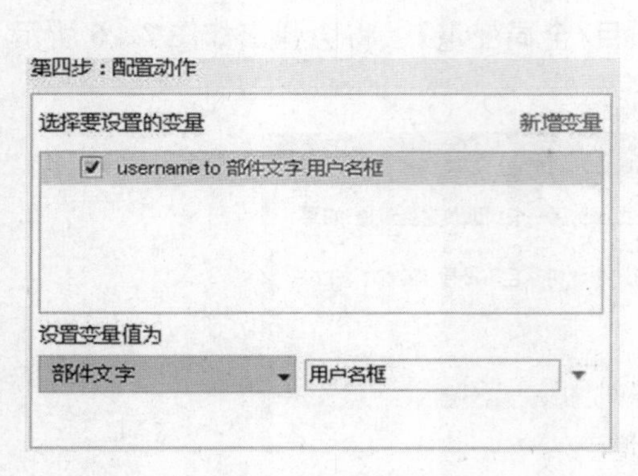

图7-8 设置变量值

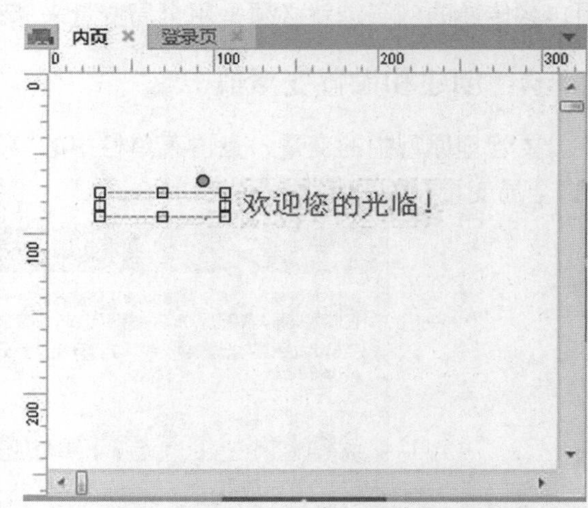

图7-9 内页效果

(5)在“站点地图”中创建“内页”页面，在该页面输入“欢迎您的光临!”文本，宋体、18号、红色；拖动一个“文本部件”放置在“欢迎您的光临!”前面，调整大小，并设置适当字体、大小和颜色，如图7-9所示。

（6）选择“文本部件”在“部件交互和注释”面板中命名该部件为“用户名”。

（7）选择“页面交互”面板，双击“页面载入时”。

（8）在打开的“用例编辑器”左栏“点击新增动作”中选择“部件/设置文本”，右栏“配置动作”中选择要设置文本的部件“用户名”，然后点击“将文本设置为”“值”后面的 fx 符号。此时弹出如图 7－10 所示“编辑文字”窗口。

编辑文字

在下方编辑区输入文字、插入变量、属性、函数或表达式，请使用 "[[" 和 "]]" 包围变量名称或表达式. 例如：插入变量 [[OnLoadVariable]]返回值为变量"OnLoadVariable"的当前值；插入表达式[[VarA + VarB]]返回值为"VarA + VarB"的和;插入 [[PageName]] 返回值为当前页面名称.

插入变量、属性、函数或运算符...

局部变量

在上侧创建用于插入部件值的局部变量. 变量名必须是字母和数字, 且不包含空格.

新增局部变量

确定　取消

图 7－10　编辑文字

（9）在“编辑文字”窗口点击“插入变量、属性、函数或运算符…”，在弹出的列表项中找到“全局变量/username”，然后点击“确定”按钮返回“用例编辑器”。

（10）“配置动作”如图 7－11 所示。

此操作就是当“内页”打开时，变量 username 中保存的“用户名”就会显示在“用户名”文本部件中。

（11）交互动作设置完成后点击“确定”按钮返回编辑区。

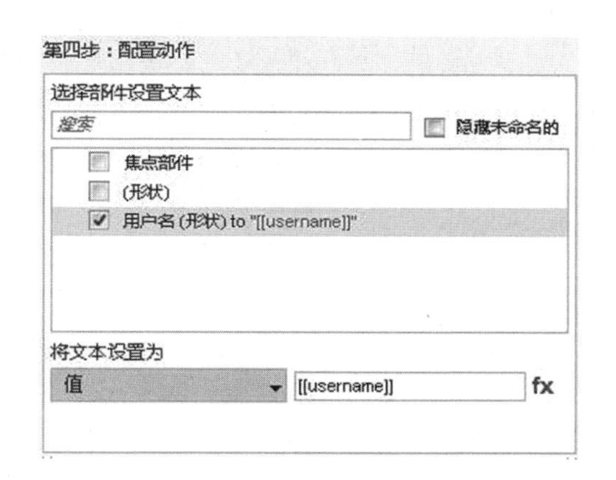

图 7－11　本例配置动作

（12）返回到“登录页”，选择“确定”按钮，双击“部件交互和注释”面板下“交互”中“鼠标单击时”的用例 1。

（13）在打开的“用例编辑器”左栏“点击新增动作”中选择“链接/打开链接”，在右栏“配置动作”中选择链接到“内页”，此时“确定”按钮上将有两个交互动画。设置完成后点击“确定”返回编辑区。

（14）保存，预览。在浏览器中用户名输入“helen”，随意输入密码后点击“确定”按钮，将进入内页，内页将显示“helen，欢迎您的光临！”，如图 7－12 所示。

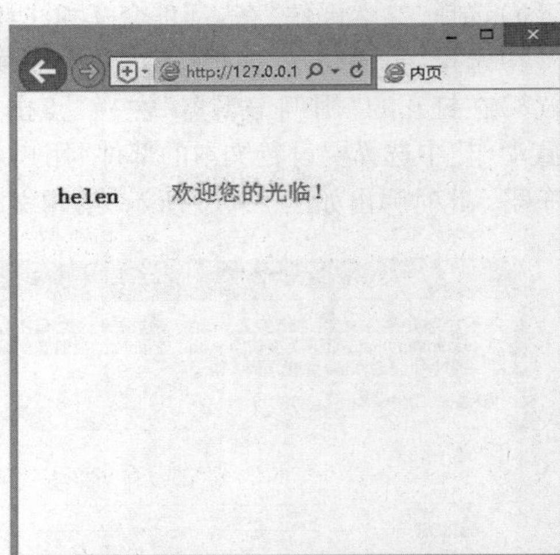

图 7－12　本例效果

【例 7－3】　制作一个加法计算器。

(1)新建一个 Axure RP 原型文件。分别拖动三个“文本框部件”、两个“文本部件”和一个“按钮部件”到编辑区。两个“文本部件”分别输入 +、= 符号，所有部件如图 7－13所示调整到大小相同并排列整齐。

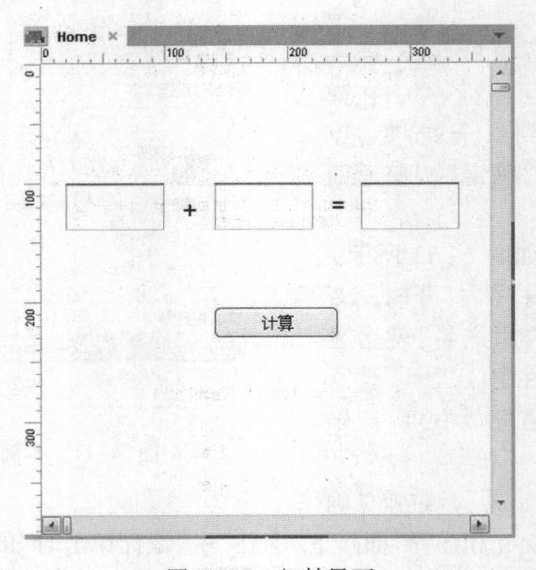

图 7－13　初始界面

(2)在“部件交互和注释”面板中分别对三个“文本框部件”进行命名，依次为“数 1”“数 2”和“总和”。

(3)选择“计算”按钮，双击“部件交互和注释”面板下“交互”中的“鼠标单击时”。

(4)在打开的“用例编辑器”窗口左栏中选择“部件/设置文本”，右栏“配置动作”中选择要设置的文本“总和”。然后点击“将文本设置为”“值”后面的 fx 符号。

（5）在弹出的“编辑文字”窗口中点击“新增局部变量”，如图 7－14 所示，因为要输入两个数，所以设置两个局部变量。

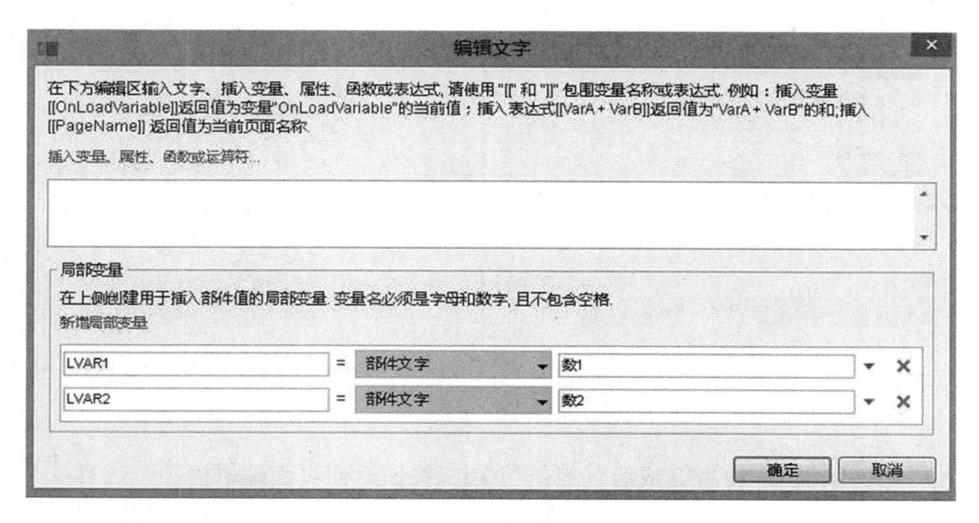

图 7－14　设置局部变量

（6）再点击“插入变量、属性、函数或运算符…”，在弹出的下拉列表中选择“局部变量/LVAR1”，此时下框中出现“[[LVAR1]]”；将光标插入数字 1 后并输入 + 符号，再次点击“插入变量、属性、函数或运算符” 选择“局部变量/LVAR2”。此时下框显示如图 7－15 所示。

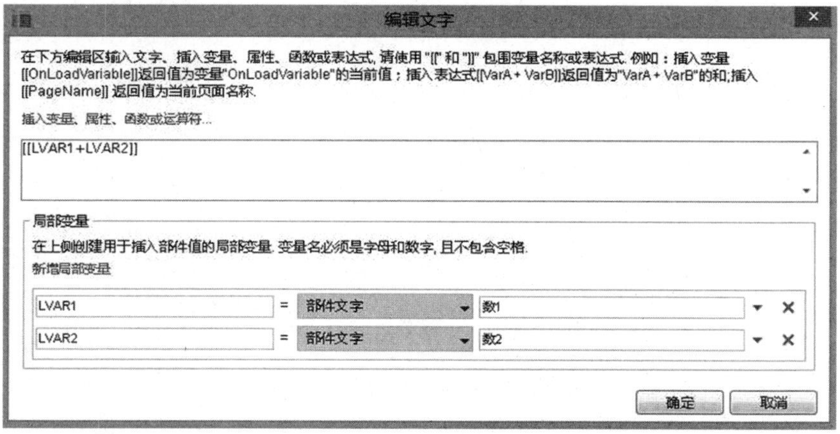

图 7－15　“编辑文字”窗口效果

（7）点击“编辑文字”窗口中的“确定”按钮，返回到“用例编辑器”窗口，可以看到“配置动作”，如图 7－16 所示的设置。

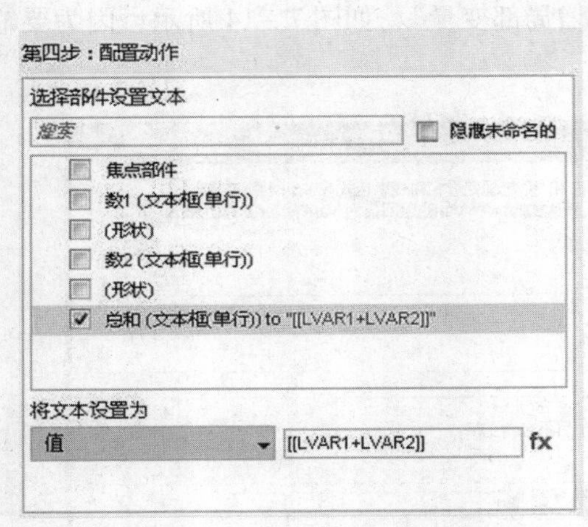

图 7 – 16　本例的配置动作

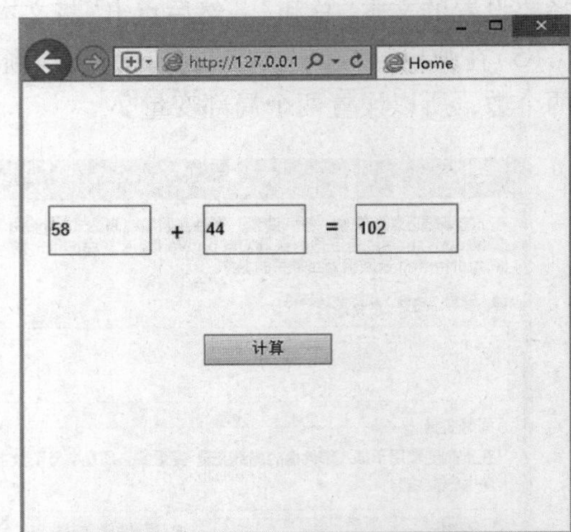

图 7 – 17　最终效果

(8)“用例编辑器”设置完成后，点击“确定”按钮返回页面编辑区。

(9)保存，预览。在浏览器中分别输入两个数后点击“计算”按钮，将在最后一个输入框显示结果，如图 7 – 17 所示。

8 中继器

中继器部件是 Axure RP 7.0 中新增的一款高级部件，用来动态存储数据。在原型设计中可以实现网站数据库数据的增加、删除、修改、查询等操作。通常用来显示商品列表、联系人信息列表、数据表或其它信息。

8.1 中继器的结构

中继器部件由两部件组成，分别是中继器数据集和中继器的项。

拖动一个中继器部件到编辑区，默认“中继器”结构是由三行一列组成的，如图 8－1所示。

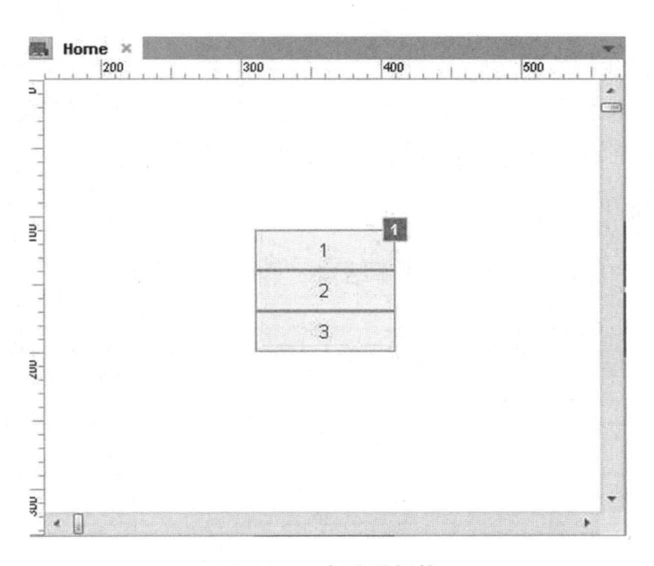

图 8－1　中继器部件

双击“中继器部件”，打开“中继器部件”的编辑区，如图 8－2 所示。“中继器”上部分为“中继器的项”，下部分为“中继器数据集”。

1. 中继器的项

被中继器部件所重复的布局称为项，对应数据库的纵项、列表项。表格中有几个列表项，在中继器的编辑区中就要放置相应数量的中继器的项。

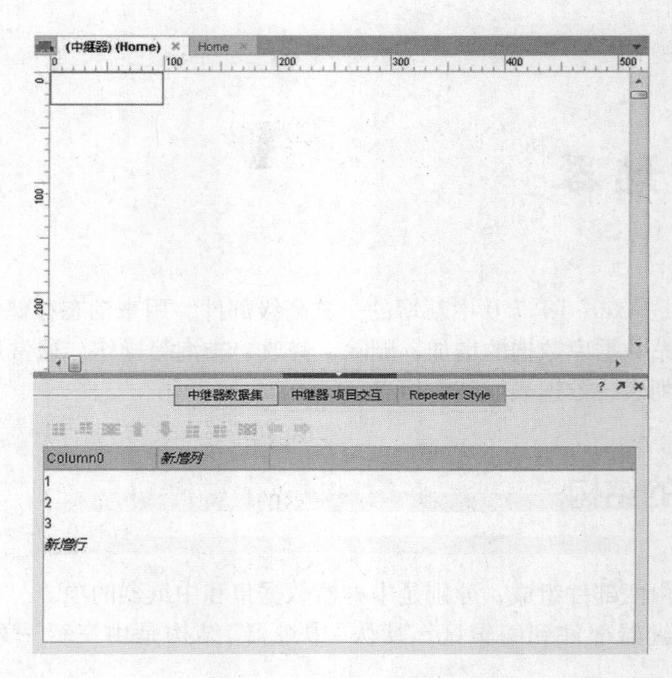

图 8－2　“中继器”编辑区

2. 中继器数据集

中继器部件是由中继器数据集中数据项填充，对应数据库的横项、数据项。表格中有几组数据，在中继器数据集中就要输入相应数量的数据集。

8.1.1　创建中继器

下面创建一个如图 8－3 所示数据库结构。具体操作步骤如下。

用户名	密码
TOM	123456
Marry	365478
Helen	654987

图 8－3　数据表

(1)分别拖动两个“矩形部件”到编辑区，设置宽度为 130 像素，高度为 40 像素，颜色自定，并输入“用户名”和“密码”。

(2)拖动一个“中继器部件”到编辑区“矩形部件”下方。然后双击“中继器部件”进入中继器的编辑区，修改“中继器的项”中“矩形部件”宽度为 130 像素，高度为 50 像素；再拖动一个“矩形部件”到该矩形右侧，宽高一致。返回页面编辑区后的效果如图 8－4所示。

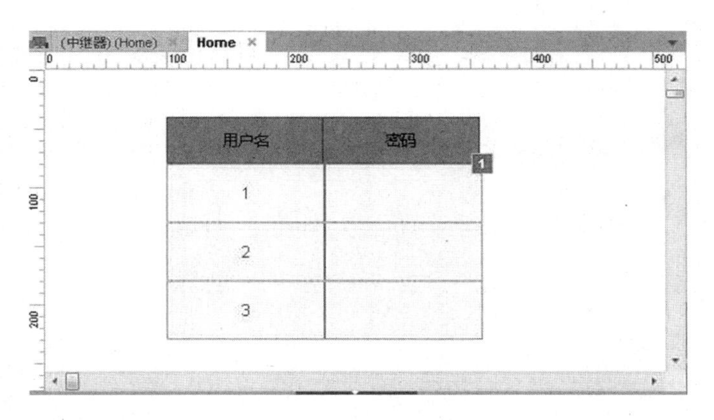

图 8 – 4　定义好项的中继器

(3)返回中继器的编辑区，在如图 8 – 5 所示的“中继器数据集”中编辑数据。

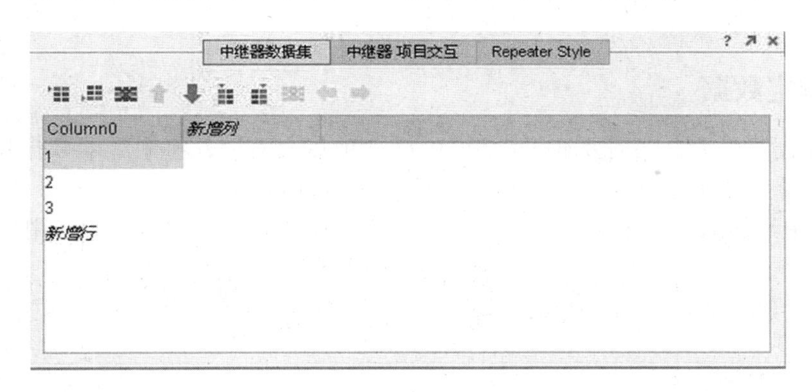

图 8 – 5　中继器数据集

① ：在上面新增行，可以在当前数据前面添加一行数据。

② ：在下面新增行，可以在当前数据后面添加一行数据。

③ ：删除行，删除选中的一行数据。

④ ：上移行，将选中的数据行向上移动一行。

⑤ ：下移行，将选中的数据行向下移动一行。

⑥ ：在左侧新增一列，在选中的数据列左侧添加一列。

⑦ ：在右侧新增一列，在选中的数据列右侧添加一列。

⑧ ：删除列，删除选中的一列数据。

⑨ ：左移列，将选中的列向前移动一列。

⑩ ：右移列，将选中的列向后移动一列。

⑪双击列名可以给列进行命名。

(4)将图 8 – 3 显示的数据输入到“中继器数据集”中，如图 8 – 6 所示。

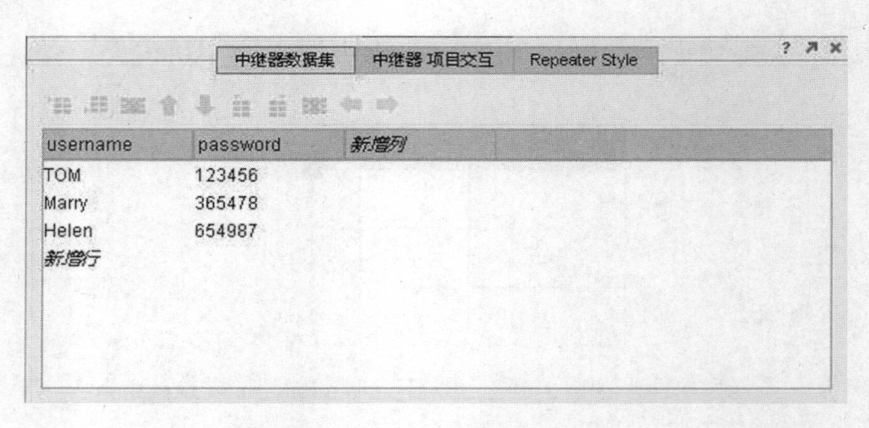

图 8-6　中继器数据集

至此中继器即创建完毕，但是此时的中继器只是结构和数据创建完毕，还不能正常显示。

8.1.2　绑定数据

中继器创建好后，还需要通过设置“中继器项目交互”，将中继器数据集中的数据绑定到中继器中，把数据记录显示出来。具体操作如下。

(1)在中继器编辑区中将“中继器”上方两个“矩形部件”分别命名为“用户名”和“密码”。

(2)当创建中继器时，“中继器项目交互”面板会自动绑定第一列数据，如图 8-7 所示。

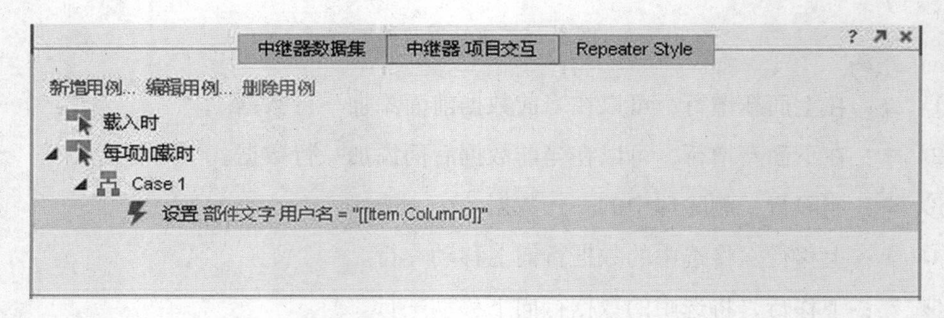

图 8-7　中继器默认交互

(3)双击默认的交互项，打开如图 8-8 所示的“用例编辑器”。

(4)此处交互是将“中继器的项”中的“用户名”和“密码”“矩形部件”内显示的文本与“中继器数据集”中的“username”和“password”列下的数据绑定。因此在“用例编辑器”的右栏中直接选择“密码”。

(5)点击“将文本设置为”“值”后的 fx 符号，打开“编辑文字”窗口。

(6)删除“编辑文字”窗口上框中的“[[Item. username]]”，点击“插入变量、属性、

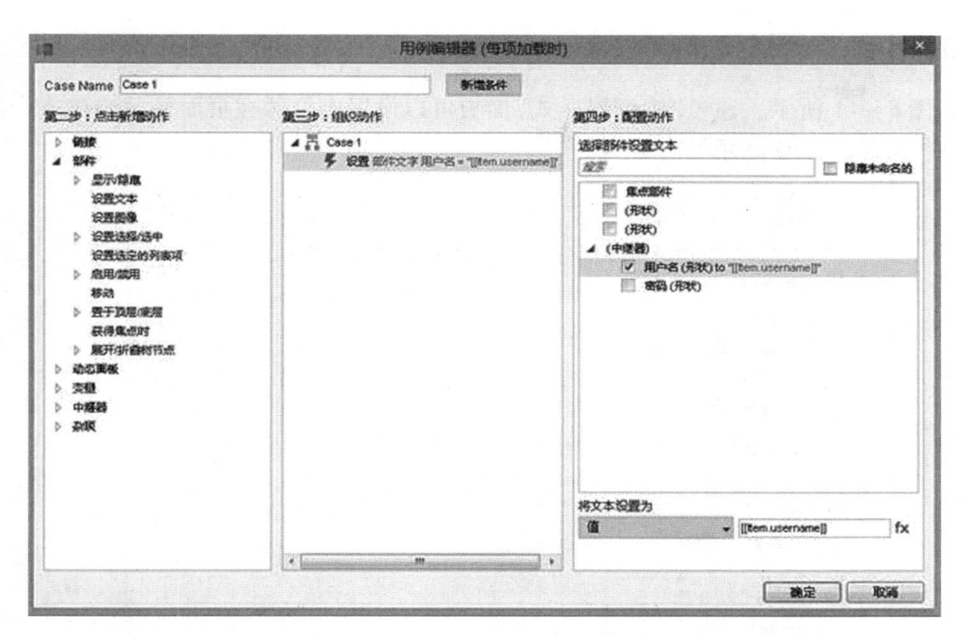

图 8－8　用例编辑器

函数或运算符…”，在下拉列表中选择“中继器/数据集”下的“Item. password”。点击“确定”返回“用例编辑器”窗口。

(7)配置好的动作如图 8－9 所示。点击“确定”返回中继器编辑区，此时中继器的数据就可以正常显示到页面中，如图 8－10 所示。

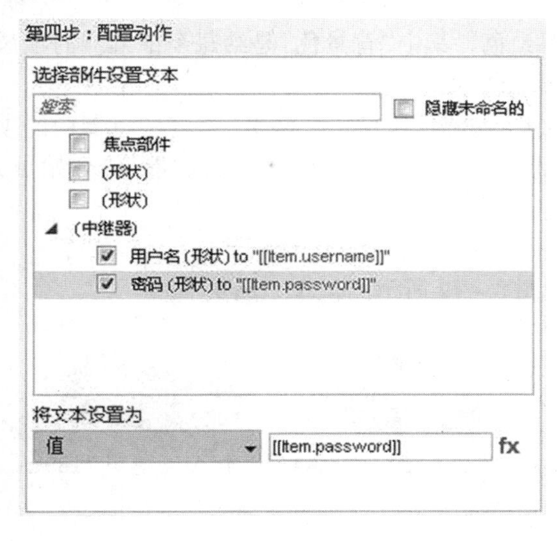

图 8－9　配置动作

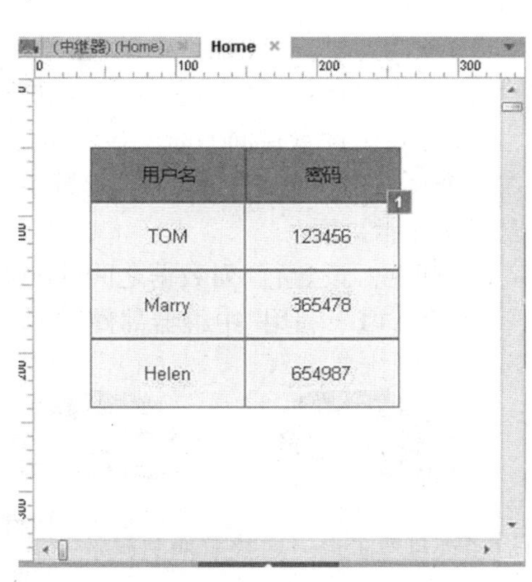

图 8－10　中继器最终效果

8.1.3 中继器的样式

如图 8－11 所示，通过“中继器样式”面板可以设置中继器在页面显示的样式，如背景、一行几项、每项间距等。

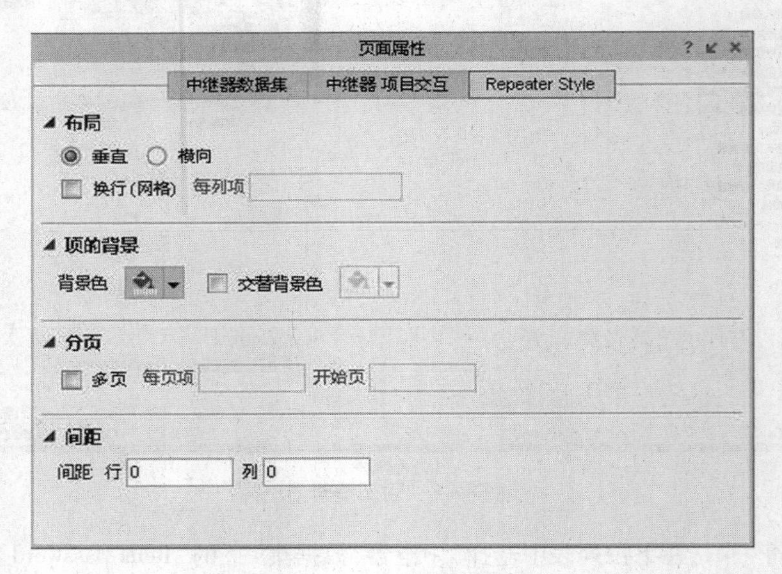

图 8－11　中继器样式

(1)布局。设置“中继器的数据集”是垂直排列还是水平排列，是否换行，以及每列显示多少项。

(2)项的背景。可以给“中继器”添加背景色。其中“背景色”是给每个中继器的项添加背景色；“交替背景色”是给中继器的项添加交替背景色。

(3)分页。设置在同一时间显示指定数量的数据集的项。“多页”是将中继器中的项放在多个页面中显示；“每页项”设置中继器的项在每个单页中显示的数量；“开始页”设置默认显示页面。

(4)间距。设置行/列数据之间的间隔。

【例 8－1】　利用“中继器部件”制作如图 8－12 所示的包车产品页面。

美国洛杉矶 ¥142起
自驾梦幻1号公路

加拿大温哥华 ¥163起
环游如画温哥华岛

澳大利亚墨尔本 ¥189起
大洋路绝美海岸线

德国慕尼黑 ¥189起
啤酒之城驾车狂欢

图 8－12　包车产品页面

(1)新建一个 Axure RP 原型文件。拖动一个“中继器部件”到页面编辑区。

(2)双击“中继器部件”进入中继器的编辑区。删除编辑区原来的部件，如图 8－13

所示，分别拖动一个“图片部件”和五个“文本部件”，并按图8－13排列好位置、输入相应文本、设置好图片大小（220 * 110）和字体样式。并在“部件交互和注释”面板中对图片部件和没有输入文字的文本部件分别命名为图片、地名、活动、价格。

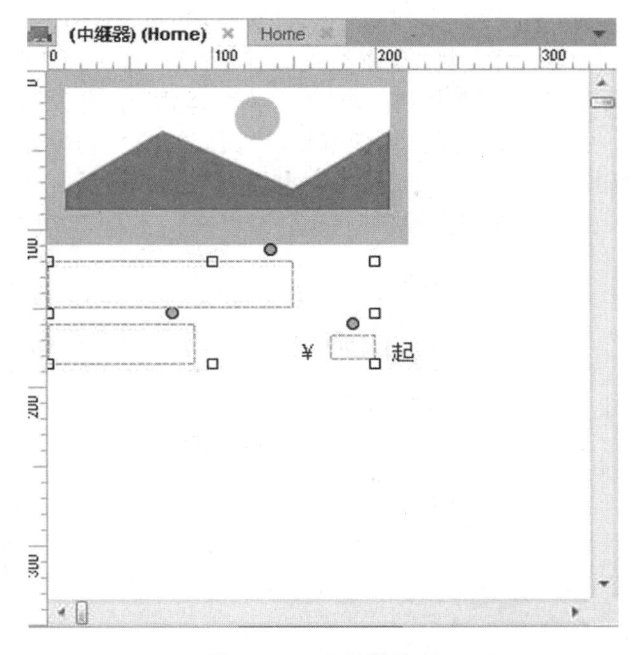

图8－13　中继器的项

（3）选择“中继器数据集”，分别创建 image、place、item 和 price。

（4）在 image 下的四个单元格中右击鼠标，在弹出的菜单中选择“导入图像”，分别导入“第8章”文件夹下的 Versa. jpg、Chevrolet _Aveo. jpg、Toyota _Yaris. jpg、VW_Polo. jpg。

（5）在 place 下的四个单元格中分别输入：美国　洛杉矶、加拿大　温哥华、澳大利亚　墨尔本、德国　慕尼黑。

（6）在 item 下的四个单元格中分别输入：自驾梦幻1号公路、环球如画温哥华岛、大洋路绝美海岸线、啤酒之城驾车狂欢。

（7）在 price 下的四个单元格中分别输入：142、163、189、189。“中继器数据集”效果如图8－14所示。

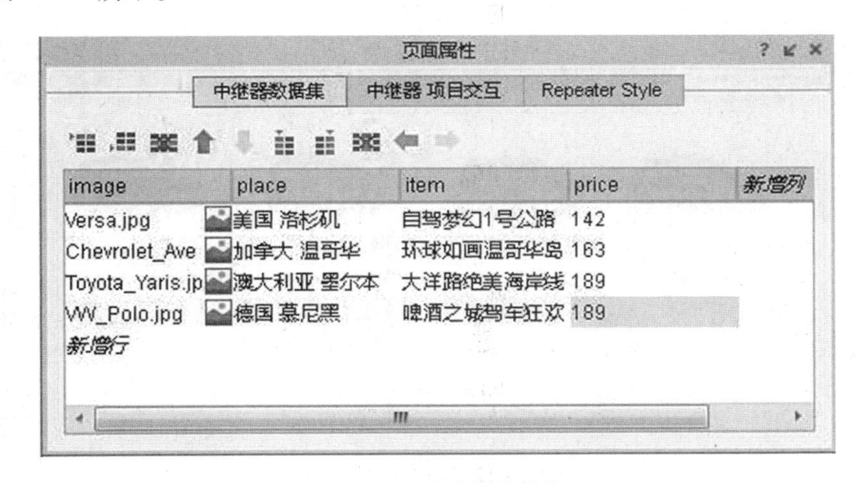

图8－14　中继器数据集

（8）选择“中继器项目交互”，双击默认的交互项打开“用例编辑器”窗口，在右栏“配置动作”中分别选择“地名、活动、价格”设置文本，并依次将“值”设置为

[[Item. place]]、[[Item. item]]、[[Item. price]]。

(9)选择左栏“点击新增动作”下的“部件/设置图像”，在右栏“配置动作”中选择“设置图片”，然后将下方“默认”改为“值”，并设“值”为[[Item. image]]。

(10)设置好的“用例编辑器”窗口如图8－15所示。点击“确定”按钮返回“中继器”编辑区。

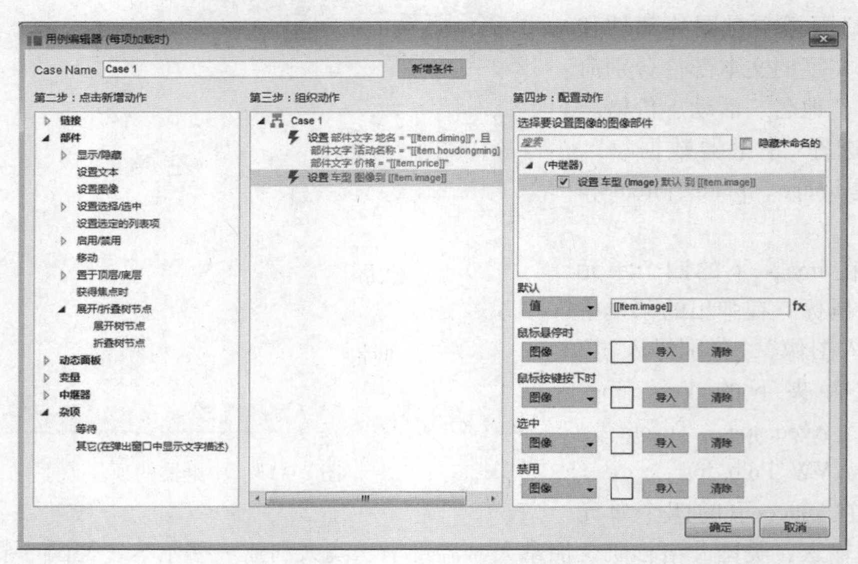

图8－15　设置好的“用例编辑器”

(11)选择“中继器样式”，设置布局：“横向”；间距：列为5。

(12)返回页面编辑区，效果如图8－16所示。至此该页面效果通过中继器制作完成了。

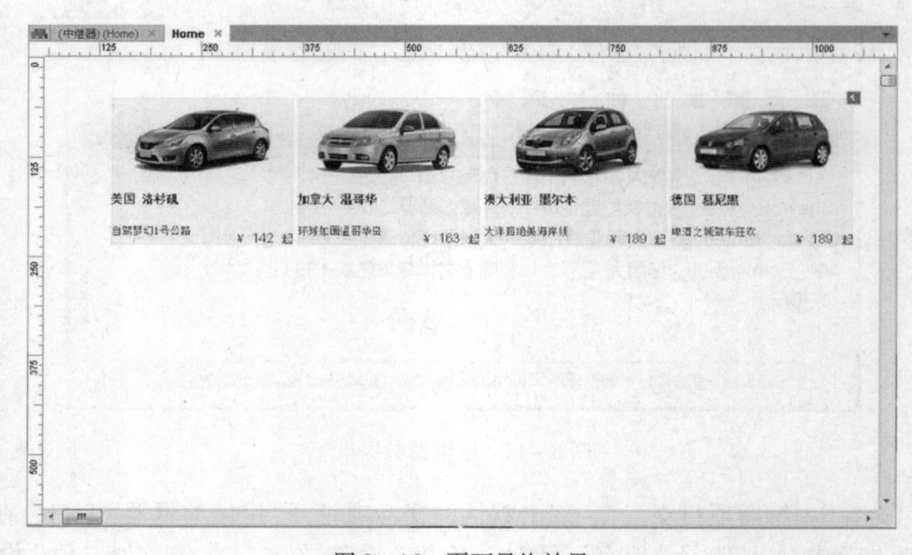

图8－16　页面最终效果

8.2 中继器的交互

“中继器”类似于数据库，所以在 Axure RP 中可以通过交互在“中继器”实现类似数据库查询、排序、删除等操作。

8.2.1 数据集

“中继器”动作中对一行行数据的操作由“数据集”中的新增行、标记行/取消标记行、删除行、更新行等操作完成。

1. 新增行

新增行就是为中继器的数据集添加数据，然后通过项目交互显示出来。

【例 8 –2】 添加学生数据。

（1）打开“第 8 章/例 8 –2”原型文件。“中继器”结构及数据已经完成，页面效果如图 8 –17 所示。

图 8 –17 页面效果

（2）在学号、姓名、成绩等输入框中输入数据后，点击“添加”按钮后在下方表格中新增学生数据。

（3）选中学号、姓名、成绩后面相应的输入框，分别命名为输入学号、输入姓名、输入成绩。

（4）选择“添加”按钮，双击“部件交互和注释”面板下“交互”中的“鼠标单击时”。

（5）打开“用例编辑器”窗口，在左栏“点击新增动作”下选择“中继器/数据集/新增行”，在右栏“配置动作”中选择“中继器”，并点击下面的“新增行”按钮。此时弹出如图

8－18 所示“新增行到中继器”窗口。

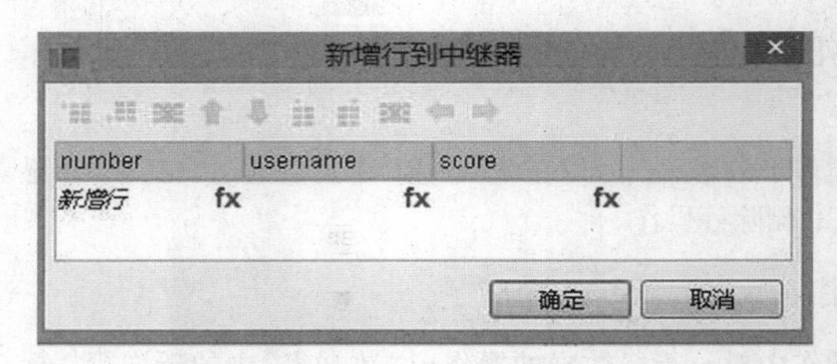

图 8－18　“新增行到中继器”窗口

(6)分别点击 number 列右下方的 fx 符号，进入“编辑值”窗口。设置“局部变量”，如图 8－19 所示。

图 8－19　局部变量的设置

(7)将输入到“学号”后面的“文本框部件”的数据储存在 LVAR1 局部变量中。然后通过“插入变量、属性、函数或运算符…”选择“局部变量/LVAR1”将学号数据添加到“number”项下。

(8)按照(6)～(7)步骤，分别完成图 8－18 中 username 和 score 列的数据添加，最终如图 8－20 所示。依次点击“确定”按钮后返回页面编辑区。

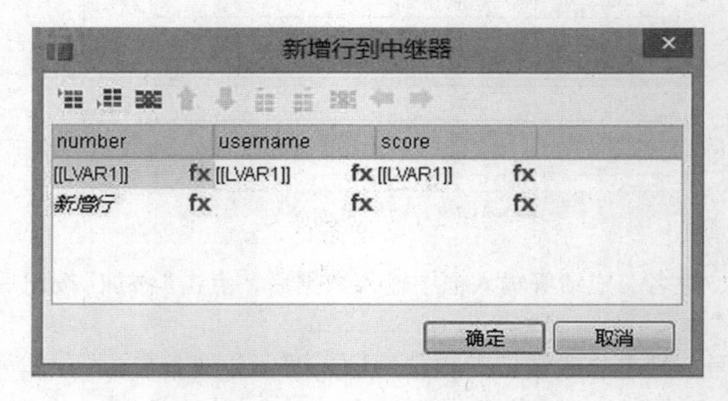

图 8－20　“新增行到中继器”最终设置

(9)保存文档后预览。在浏览器中输入数据，点击“添加”按钮，将如图 8－21 所示在表格最后添加了新的数据。

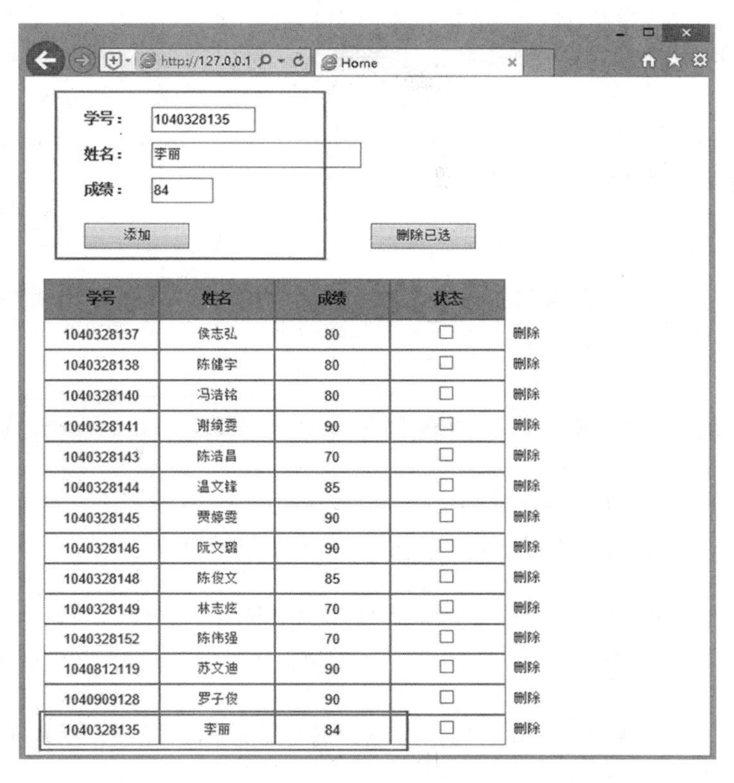

学号	姓名	成绩	状态	
1040328137	侯志弘	80	☐	删除
1040328138	陈健宇	80	☐	删除
1040328140	冯浩铭	80	☐	删除
1040328141	谢绮雯	90	☐	删除
1040328143	陈浩昌	70	☐	删除
1040328144	温文锋	85	☐	删除
1040328145	贾婷雯	90	☐	删除
1040328146	阮文韬	90	☐	删除
1040328148	陈俊文	85	☐	删除
1040328149	林志炫	70	☐	删除
1040328152	陈伟强	70	☐	删除
1040812119	苏文迪	90	☐	删除
1040909128	罗子俊	90	☐	删除
1040328135	李丽	84	☐	删除

图 8－21　实现数据的添加

2. 标记行/取消标记行

“标记行”就是对要执行删除、更新等操作的数据行做标记，这样，当执行删除、更新等操作时就只对标记的行起作用，其它行不会执行相关操作。既然可以对数据行做标记执行操作，那么也可以取消标记，不对该数据行执行操作。

例如，在上例可以通过在每行数据后的“复选框”中进行勾选执行“标记行”，然后“删除已选”；如果取消“复选框”的勾选，则执行“取消标记”就不能删除数据行。具体操作如下。

（1）进入上例的“中继器”编辑区，选择“复选框部件”，双击“部件交互和注释”面板下“交互”中的“选中状态改变时”。

（2）打开“用例编辑器”窗口，点击“新增条件”按钮进入“条件生成”窗口，设置如图 8－22 所示的条件。点击“确定”返回“用例编辑器”。

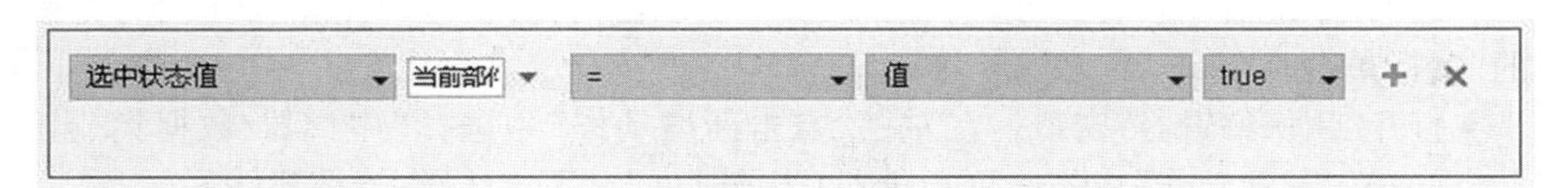

图 8－22　设置复选框选中

(3)选择“点击新增动作”下的“中继器/数据集/标记行”动作，在右栏“配置动作”中选择勾选“(中继器)添加当前部件”，并选择下方的“当前部件”。点击“确定”按钮即完成。

以上操作，即对“复选框”中打了钩的数据做了标记，这样，如果添加“删除行”动作后点击“删除已选”按钮，就可以将勾选的数据删除了。

(4)再次在“中继器”编辑区选择“复选框部件”，双击“部件交互和注释”面板下“交互”中的“选中状态改变时”。

(5)打开“用例编辑器”窗口，点击“新增条件”按钮进入“条件生成”窗口，设置如图8－23所示的条件。点击“确定”返回“用例编辑器”。

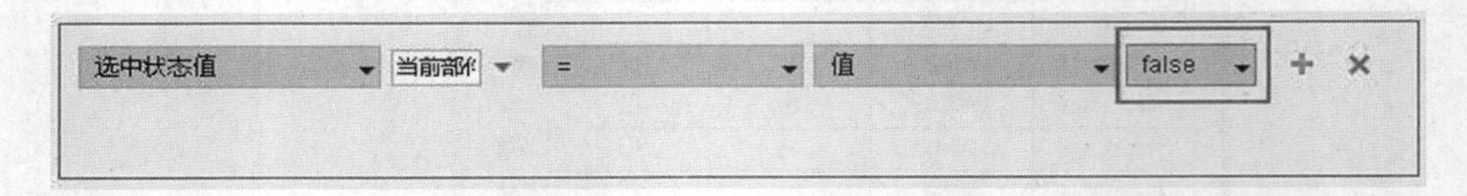

图8－23　设置复选框未选中

(6)选择“点击新增动作”下的“中继器/数据集/取消标记行”动作，在右栏“配置动作”中选择勾选“(中继器)添加当前部件”，并选择下方的“当前部件”。点击“确定”按钮即完成。

以上操作，即当“复选框”取消打钩时该数据行就取消了标记，这样如果添加“删除行”动作后点击“删除已选”，这些取消标记的数据行就不会删除。

3. 删除行

一旦对中继器的数据行进行了标记，就可以使用“删除行”动作来删除已经被标记的行。此外，还可以删除当前行、按条件删除行。

(1)按标记删除。上面我们通过“复选框”对数据行执行了“标记行”动作，接下来执行以下操作就可以把标记的数据行删除。

• 选择“删除已选”按钮，双击“部件交互和注释”面板下“交互”中的“鼠标单击时”。

• 打开“用例编辑器”窗口，在左栏“点击新增动作”中选择“中继器/数据集/删除行”，在右栏“配置动作”中勾选“中继器”，下方选择“已标记”。

(2)删除当前行。删除当前行需要修改中继器结构。在中继器的项中增加一个删除按钮，然后对删除按钮添加删除行的动作。同时以例8－2的中继器为例，具体操作如下。

• 进入“中继器”编辑区，选择“删除”文本。双击“部件交互和注释”面板下“交互”中的“鼠标单击时”。

• 打开“用例编辑器”窗口，在左栏“点击新增动作”中选择“中继器/数据集/删除行”，在右栏“配置动作”中勾选“(中继器)当前部件”，下方选择“当前部件”。

(3)按条件删除。关键在于条件表达式的编写，例如按成绩删除。在例8－2中删除成绩低于85分的学生数据，具体操作如下。

- 在页面编辑区添加一个“删除 85 分以下数据”的按钮。
- 选择该按钮，双击“部件交互和注释”面板下“交互”中的“鼠标单击时”。
- 打开“用例编辑器”窗口，在左栏“点击新增动作”中选择“中继器/数据集/删除行”，在右栏“配置动作”中勾选“中继器”，下方选择“规则”。
- 点击“规则”后面的 fx 符号，在弹出的“编辑值”中点击“插入变量、属性、函数或运算符…”，选择“中继器/Item. score”，如图 8－24 所示。

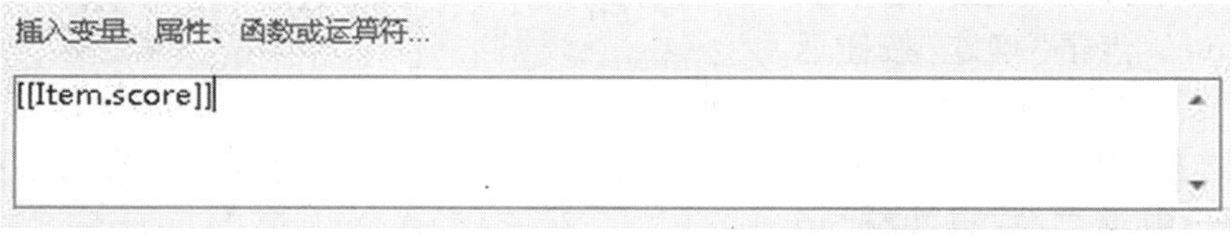

插入变量、属性、函数或运算符...

[[Item.score]]

图 8－24　编辑值

- 将光标插入 score 后面，输入 <85，即[[Item. score <85]]。
- 依次点击“确定”按钮，即完成按条件删除。

4. 更新行

使用“更新行”动作，可以改变项有中继器数据行的值。可以更新已经标记的行，也可以使用规则更新行。

【例 8－3】 修改手机价格。

(1) 打开“第 8 章/例 8－3. rp”原型文件。界面效果如图 8－25 所示。

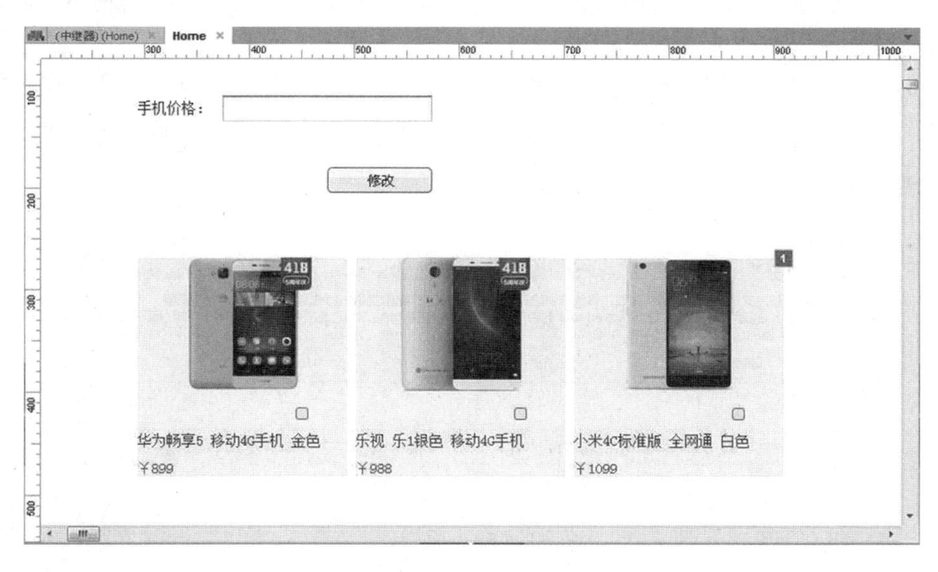

图 8－25　初始效果

(2) 双击“中继器部件”进入中继器的编辑区，如图 8－26 所示。

(3) 选择“复选框部件”，双击“部件交互和注释”面板下“交互”中的“选中状态改变时”。

(4)当“复选框部件”选中时数据行被标记，“复选框部件”取消选中是数据行标记取消，因此要在交互中添加条件。

(5)点击“用例编辑器”窗口右上角的“新增条件”按钮打开“条件生成”窗口。设置“选中状态值”=true，点击“确定”按钮返回。

(6)选择“用例编辑器”窗口左栏下的“中继器/数据集/标记行”，在右栏“配置动作”选择“中继器”，下方选择“当前部件”。点击“确定”按钮返回。

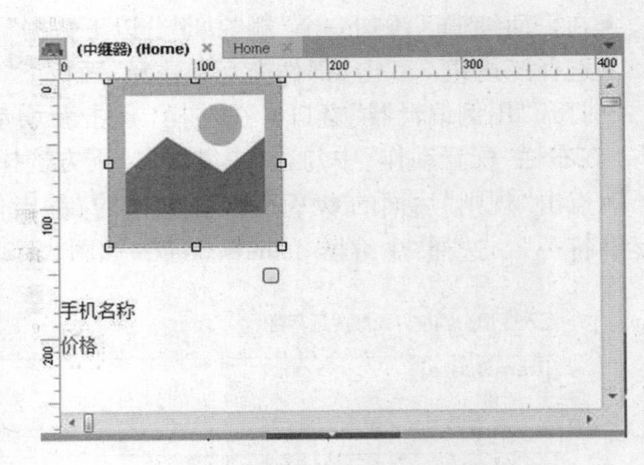

图8－26　中继器的编辑区

(7)选择“复选框部件”，双击“部件交互和注释”面板下“交互”中的“选中状态改变时”。

点击“用例编辑器”窗口右上角的“新增条件”按钮打开“条件生成”窗口。设置“选中状态值”=false，点击“确定”按钮返回。

(8)选择“用例编辑器”窗口左栏下的“中继器/数据集/取消标记行”，在右栏“配置动作”选择“中继器”，下方选择“当前部件”。点击“确定”按钮返回。

(9)返回页面编辑区，选择“修改”按钮，双击“部件交互和注释”面板下“交互”中的“鼠标单击时”。

(10)在打开的“用例编辑器”窗口左栏中选择“中继器/数据集/更新行”，在右栏“配置动作”选择“中继器”，下方选择“已标记”，“选择列”下拉列表中选择“price”，然后点击列 price 右侧的 fx 符号。

(11)在弹出的“编辑值”窗口中，完成如图8－27所示的变量设置。

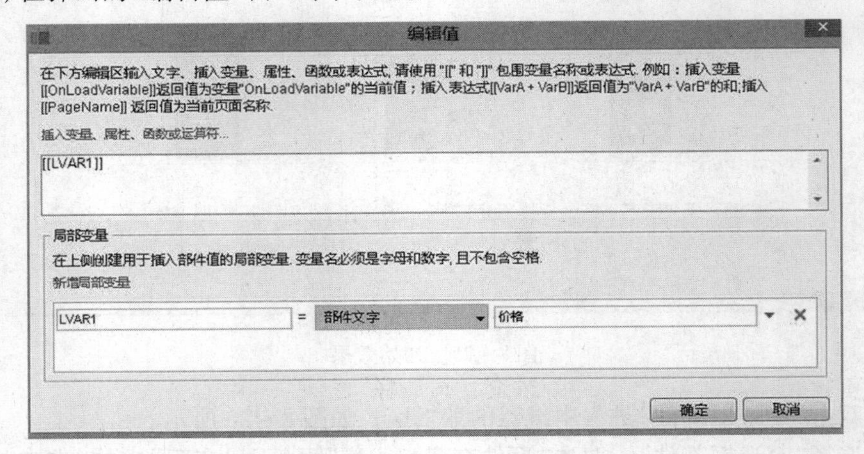

图8－27　变量的设置

（12）设置变量后点击“确定”按钮，返回“用例编辑器”窗口。右栏的“配置动作”如图 8－28 所示。点击“确定”按钮返回页面编辑区。

（13）保存，预览。在浏览器中选择一个手机后，在手机价格输入框输入价格后点击“修改”按钮，选择的手机价格将被修改。

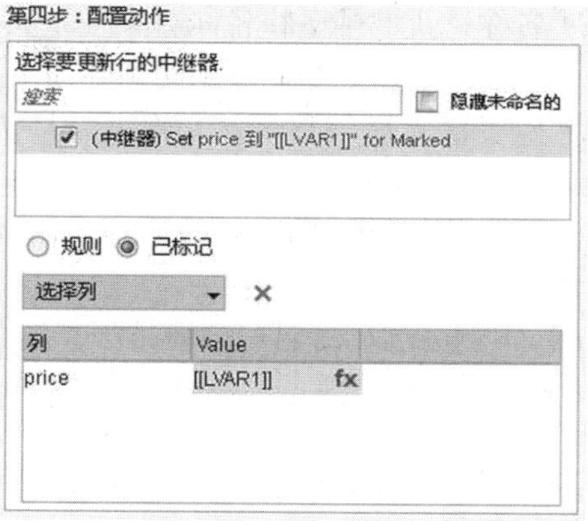

第四步：配置动作
选择要更新行的中继器.
搜索
隐藏未命名的
（中继器）Set price 到 "[[LVAR1]]" for Marked
规则 已标记
选择列
列 Value
price [[LVAR1]] fx

图 8－28　“修改”按钮的配置动作

8.2.2　数据的排序

在“中继器部件”中可以通过“新增排序”和“移除排序”两个动作对中继器中的数据行进行排序的操作。

1．新增排序

使用“新增排序”动作可以对中继器数据集中的数据进行排序。

【例 8－4】　按学生成绩进行排序。

（1）打开“第 8 章/例 8－4. rp”原型文件。拖动一个“按钮部件”到编辑区，改变按钮文本为“排序”，界面如图 8－29 所示。

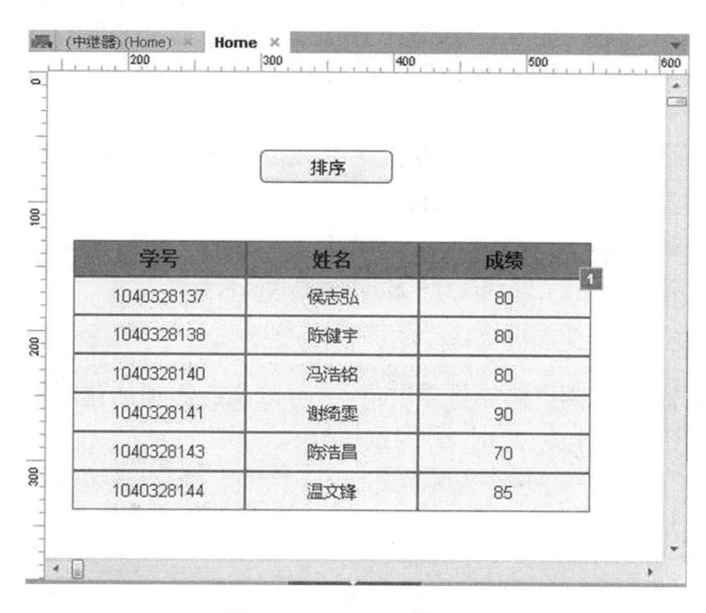

图 8－29　本例初始界面

（2）选择“排序”按钮，双击“部件交互和注释”面板下“交互”中的“鼠标单击时”。

（3）打开“用例编辑器”窗口，选择左栏“点击新增动作”下的“中继器/新增排序”，在右栏“配置动作”中选择“中继器”，此时“配置动作”如图 8－30 所示。

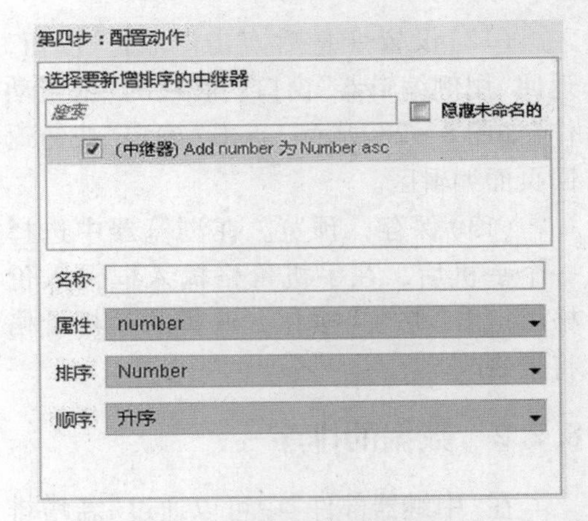

图8-30 “新增排序”的配置动作

- 名称：新增排序的名称。
- 属性：数据集中要过滤的列。
- 排序：选择按数字、文本、日期进行排序。
- 顺序：选择顺序，包括升序、降序或升序切换。

(4)本例将名称命名：成绩排序。属性选择：score。排序选择：Number。顺序选择：升序。点击“确定”按钮返回页面编辑区。

(5)保存，预览。在浏览器中点击“排序”按钮，学生将按成绩由高到低进行排序，如图8-31所示。

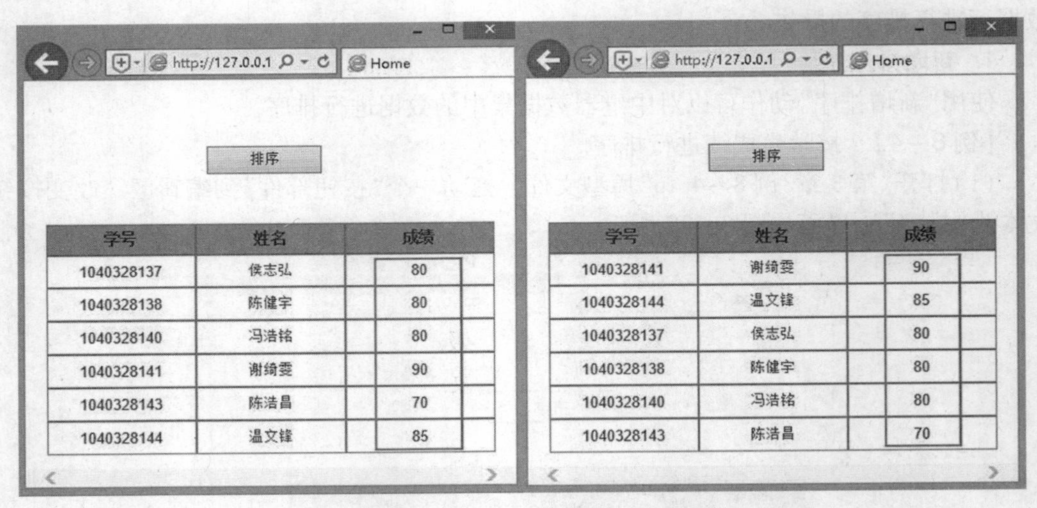

图8-31 本例排序前后的页面

2. 移除排序

在“用例编辑器”中使用“移除排序”动作，可以把已添加的排序取消。例如，在例8-4中添加一个“还原”按钮，点击“还原”按钮就可取消排序恢复数据，具体操作步骤如下。

(1)在例8-4的页面编辑区添加一个“还原”按钮。

(2)选择“还原”按钮，双击“部件交互和注释”面板下“交互”中的“鼠标单击时”。

(3)打开“用例编辑器”窗口，选择左栏“点击新增动作”下的“中继器/移除排序”，在右栏“配置动作”中选择“中继器”，此时“配置动作”如图8-32所示。

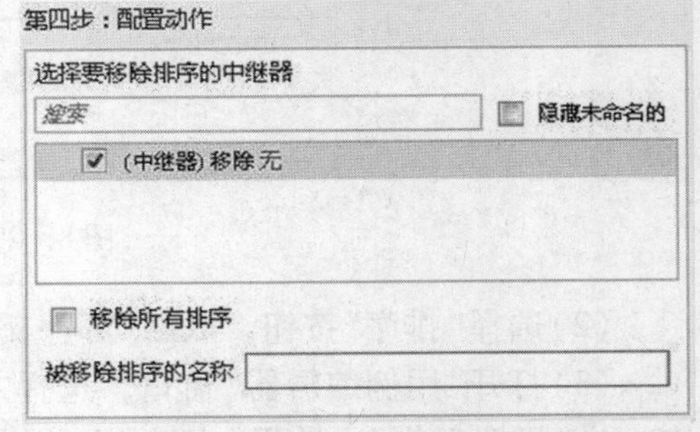

图8-32 “移除排序”的配置动作

● 移除所有排序：如果中继器中有多项排序时，点选该项将一次性取消所有的排序。

● 被移除排序的名称：只取消输入名称的排序数据。

(4)在“被移除排序的名称”输入框中输入“成绩排序”。点击“确定”按钮返回页面编辑区。

(5)保存，预览。在浏览器中点击“排序”按钮排序后，再点击“还原”按钮将取消排序。

8.2.3 数据的过滤

过滤可以只显示符合一定条件的数据，包括新增过滤器和移除过滤器两个动作。

1. 新增过滤器

在例 8-4 的基础上增加一个显示 85 分以上学生名单的操作，完成这个动作就需要使用“新增过滤器”，具体操作如下。

(1)在例 8-4 的页面编辑区增加一个“大于等于 85”按钮。

(2)选择该按钮，双击“部件交互和注释”面板中的“交互”下的“鼠标单击时”。

(3)在打开的“用例编辑器”窗口左栏“点击新增动作”下选择“中继器/新增过滤器”，在右栏“配置动作”中选择“中继器”。

(4)在“配置动作”下方“名称”输入框输入名称，在“规则”输入框中输入过滤数据的条件，或是点击后面的 fx 符号进入“编辑值”窗口进行编辑。

(5)在“编辑值”窗口点击“插入变量、属性、函数或运算符…”选择“中继器/数据集[[Item. score]]”，然后将光标插入 score 后输入“> =85”，如图 8-33 所示。点击“确定”按钮返回页面编辑区。

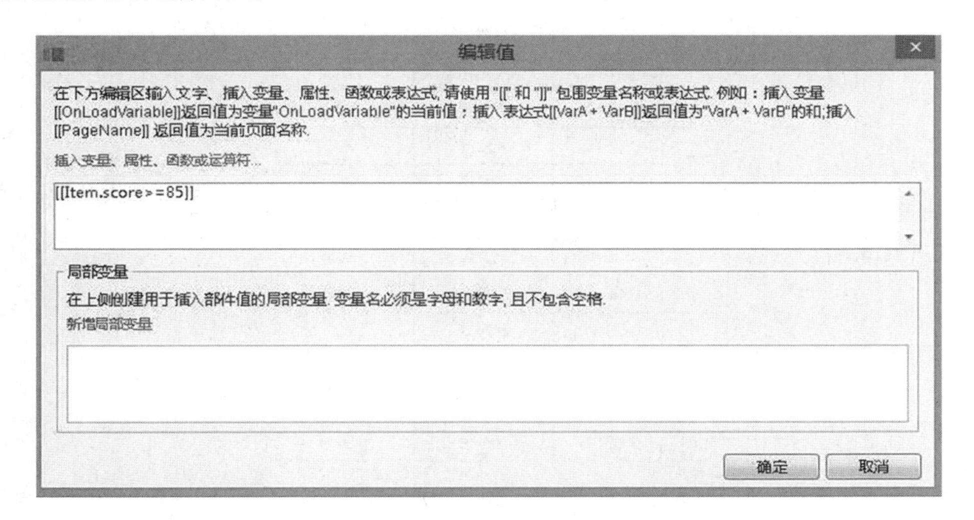

图 8-33　过滤条件编辑

(6)保存，预览。在浏览器中点击“大于等于 85”按钮，将只显示成绩大于等于 85

分的学生信息。

2. 移除过滤器

与“移除排序”相同，“移除过滤器”就是取消数据的过滤，将数据恢复原来的样子。同样，在“还原”按钮上添加“移除过滤器”动作，“配置动作”与“移除排序”一样，如图 8－34 所示。点击“确定”后就完成动作设置。

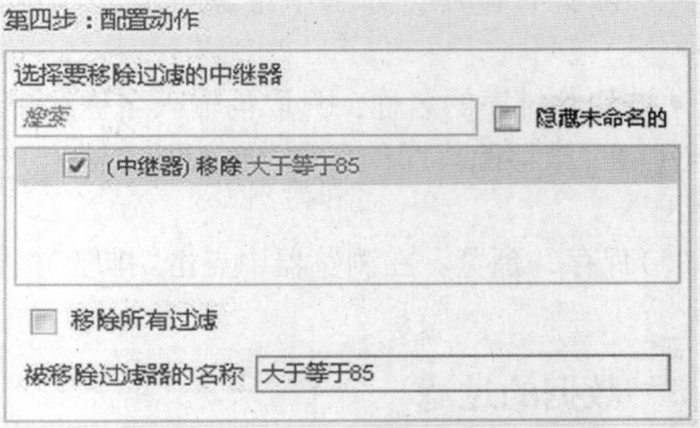

第四步：配置动作

选择要移除过滤的中继器

搜索　　隐藏未命名的

(中继器) 移除 大于等于85

移除所有过滤

被移除过滤器的名称　大于等于85

图 8－34　“移除过滤器”的配置动作

8.2.4　数据的分页

当中继器中数据行很多时，尽量使用分页显示的方式设计中继器。在执行分布的相关动作之前，必须在“中继器样式”面板中勾选“多页”，并设置“每页多少项”和“从第几页开始”。

1. 设置当前页

【例 8－5】　对数据库进行翻页显示。

(1) 打开“第 8 章/例 8－5. rp”原型文件，初始数据如图 8－35 所示一页全部显示。

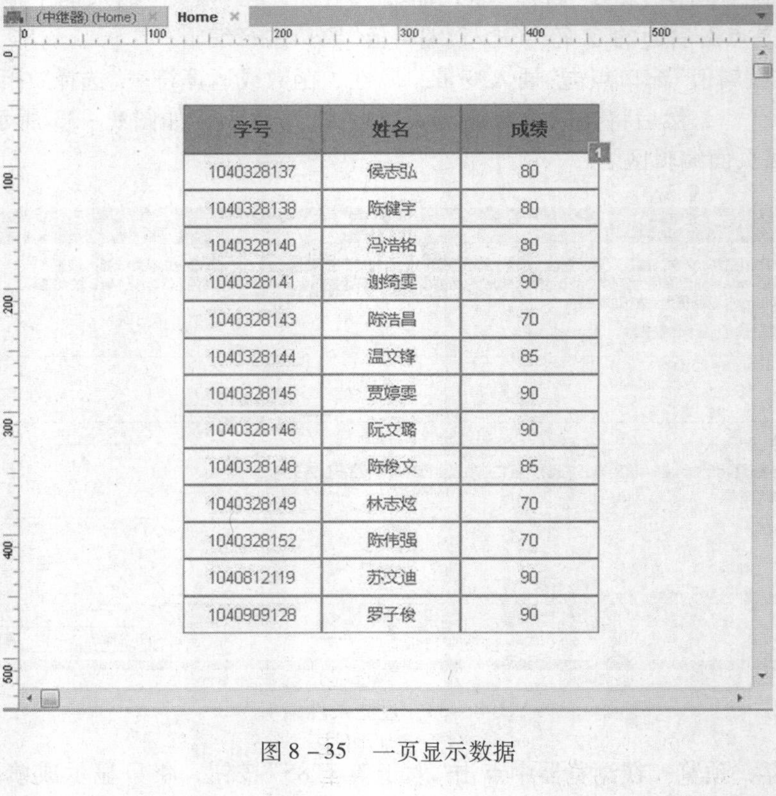

(中继器) (Home)　Home

学号	姓名	成绩
1040328137	侯志弘	80
1040328138	陈健宇	80
1040328140	冯浩铭	80
1040328141	谢绮雯	90
1040328143	陈浩昌	70
1040328144	温文锋	85
1040328145	贾婷雯	90
1040328146	阮文聪	90
1040328148	陈俊文	85
1040328149	林志炫	70
1040328152	陈伟强	70
1040812119	苏文迪	90
1040909128	罗子俊	90

图 8－35　一页显示数据

(2)进入“中继器部件”编辑区，选择“中继器样式”面板，设置分页为“多页”；每页项：5；开始页：1。图 8－36 所示为设置分页。

页面属性

中继器数据集 | 中继器 项目交互 | Repeater Style

布局

垂直　横向

换行(网格)　每 column 项数

项的背景

背景色　交替背景色

分页

多页　每页项 5　开始页 1

间距

间距 行 0　列 0

图 8－36　设置分页

(3)设置分页后的中继器数据显示如图 8－37 所示。在编辑区分别添加“上一页”“下一页”“首页”“末页”四个按钮。

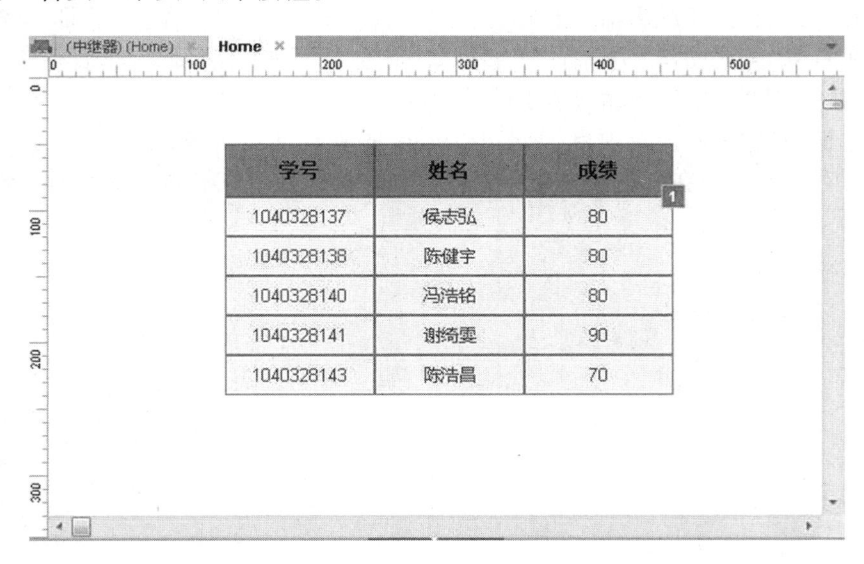

学号	姓名	成绩
1040328137	侯志弘	80
1040328138	陈健宇	80
1040328140	冯浩铭	80
1040328141	谢绮雯	90
1040328143	陈浩昌	70

图 8－37　分页显示数据

(4)选择“下一页”按钮，双击“部件交互和注释”面板中“交互”下的“鼠标单击时”。

(5)在打开的“用例编辑器”窗口左栏“点击新增动作”中选择“中继器/设置当前

页”，在右栏“配置动作”中选择“中继器”，此时“配置动作”栏如图8－38所示。

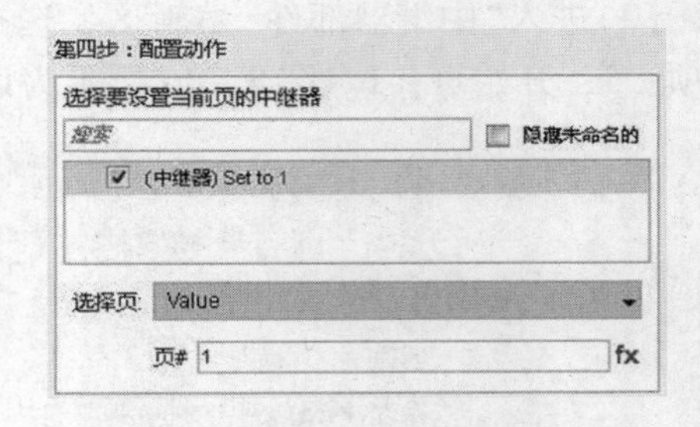

图8－38 “设置当前页”配置动作

• 选择页：设置跳转的页面，分别有Value(值)、Previous(上一页)、Next(下一页)、Last(末页)。

• 页#：如果选择页设置为Value，就要在该项后的输入框输入页码。

(6)“下一页”按钮相应的“选择页”为：Next。设置完后点击“确定”按钮返回页面编辑区。

(7)保存，预览。在浏览器中点击“下一页”按钮，将显示下一页的数据。

(8)依次选择“首页”“上一页”和“末页”按钮，在“配置动作”中把“选择页”相应设置为Value(页#：1)、Previous、Last。这样所有按钮均可完成相应翻页动作。

2. 设置每页项目数

设置每页项目数，允许改变当前页中数据项显示的数量。在例8－5中设置了一页显示5行数据。现在添加一个“显示全部”按钮，当点击该按钮时所有数据全部显示。该操作就必须使用“设置每页项目数”动作，具体操作如下。

(1)打开“例8－4. rp”原型文件，在中继器上方添加一个“显示全部”按钮。

(2)选择“显示全部”按钮，双击“部件交互和注释”面板下“交互”中的“鼠标单击时”。

(3)在打开的“用例编辑器”窗口的左栏“点击新增动作”中选择“中继器/设置每页项目数”，在右栏“配置动作”中选择“中继器”，下方“显示所有项目”勾选后将在一页显示全部的数据项；“每页”后的输入框中就是指定一页显示多少项。

(4)本例勾选“显示所有项目”，点击“确定”按钮返回页面编辑区。

(5)保存，预览。在浏览器中点击“显示全部”按钮后将在一页中显示所有学生数据项。

9 自适应视图

随着移动设备的发展，网站和 APP 适应不同尺寸的屏幕已经成为设计中的首要考虑因素。使用 Axure RP 中的自适应视图功能，可以轻松设计出能适应不同屏幕尺寸的原型。

9.1 创建自适应视图

自适应视图用于设置适应不同屏幕尺寸的原型，就是根据不同的屏幕尺寸在 Axure RP 页面编辑区设计不同尺寸的界面原型。当在设备中浏览原型时，如果屏幕尺寸达到设计的尺寸，相应尺寸的界面原型就响应显示。

在 Axure RP 中创建自适应视图的方法有两种：

方法一　点击页面编辑区左上角。

方法二　在菜单中选择“项目/自适应视图”。

执行以上两种操作之一都将弹出如图 9－1 所示“自适应视图”窗口。

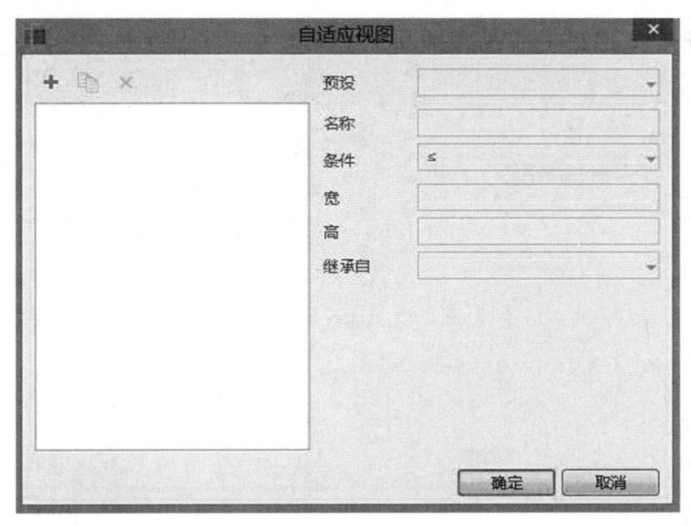

图 9－1　自适应视图

① ：点击新建一个视图。

② ：点击复制一个视图。

③ ✕：点击删除视图。

④预设：下拉列表中将显示 Axure RP 已经预先设定的一些常用的屏幕宽度，可以直接选择使用。

⑤名称：自定义视图名称。

⑥条件：设置自适应视图大于等于或小于等于设定的视图尺寸。

⑦宽：设定视图的宽度。

⑧高：设定视图的高度。

⑨继承自：设定新建视图的部件和格式属性将继承哪个视图。“基本”是 Axure RP 默认的视图。当自定义视图被创建后，再创建另一个视图时，第二个视图默认为第一个视图的子视图，它将继承第一个视图。如果选择“基本”，两个新建的视图就不再是“父子继承关系”。

【例 9－1】 制作自适应视图。

(1)打开“第 9 章/例 9－1. rp”原型文件。该原型视图的大小为 1000 像素 ×1000 像素，适合在 PC 机端浏览器下正确显示。下面创建适应“小米 3”手机的原型视图。

(2)点击页面编辑区左上角，打开“自适应视图”窗口。点击 ＋ 新建一个“新视图”，名称为“小米 3”；条件为≤；继承自：基本。

(3)在自适应视图方案设置里，宽与高不应设置为设备的物理分辨率，而要设置为以独立像素为单位的原型尺寸。可通过“http：//www. iaxure rp. com/share/yxcc/”计算原型尺寸。“小米 3”手机屏幕的分辨率为 1920 像素(高)×1080 像素(宽)，尺寸大小为 5 英寸*。原型尺寸为 640 像素 ×360 像素。因此在“自适应视图”窗口的宽度为 360 像素，高度为 640 像素。

(4)新建自适应视图窗口设置如图 9－2 所示。

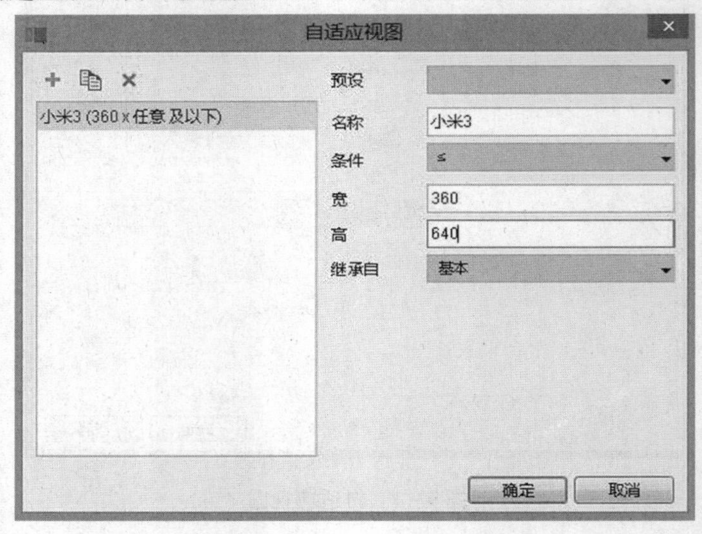

图 9－2　小米 3 自适应视图

* 英寸为非法定计量单位，1 英寸 =2. 54 厘米，下同。

(5)设置好“自适应视图”后，点击“确定”按钮返回页面编辑区。

(6)在页面编辑区的左上角，可以看到 基本 360 两个视图的切换按钮。当把鼠标放在 360 按钮上将显示“小米3(360像素×640像素及以下)”。

(7)当点击 360 按钮后，视图将切换到“小米3”的视图，如图9-3所示。

图9-3 小米3视图

(8)在“小米3”视图可以看到横向和纵向各有一条直线，这两条直线就画出了能在“小米3”手机中正常显示内容的区域，如图9-4所示阴影部分为显示区域，如果内容超出这个区域将不能正常显示。

图9-4 正常显示区域

(9)下面只要把所有页面元素大小和位置适当调整，以适应阴影区域就完成了“小米3”视图原型的设计，效果如图9－5所示。

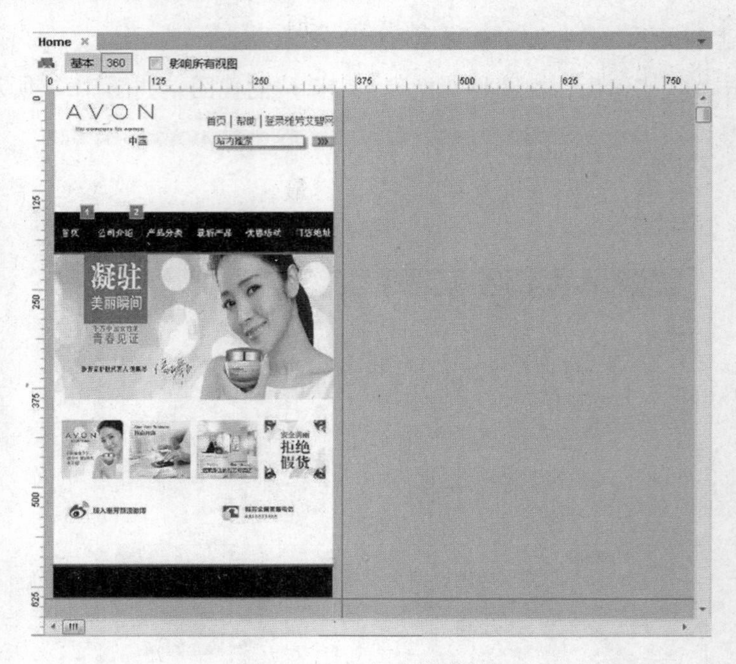

图9－5　小米3视图原型

设计自适应视图时，一般先设计适应PC机的基本视图，然后以基本视图为基础设计其它尺寸的自适应视图。一般在设计其它自适应视图时尺寸会有所变化，因此基础视图中的一些元素要做适当的调整，包括大小、位置，甚至可以删除一些不重要的素材。

9.2　编辑自适应视图

在创建完一个或多个自适应视图之后，会看到这些视图按照继承顺序排列在编辑区左上角。点击其中一个视图，那个视图就会在编辑区中显示。在开始编辑自适应视图之前，先要了解部件的属性在不同视图中的不同影响是很重要的。

1. 修改自适应视图

更改特定属性将会影响到所有视图，而另一些只会影响到当前视图和子视图。

(1)影响所有视图。部件文字内容、交互和默认/禁用这些的更改将会影响到所有视图。

(2)影响当前/子视图。位置、大小、样式和交互样式的更改将会影响到当前视图和子视图。

如果修改要对所有视图都有影响，可以勾选页面编辑区的“影响所有视图”。

2. 继承

(1)父视图添加、删除元件时，子视图会同步添加、删除。

(2)不同视图的同一个元件，事件、用例、动作保持同步。

(3)父视图与子视图交互样式相同的部件，父视图发生改变时，子视图会同步改变，子视图增加的不同的部分不会影响父视图。

在所有的视图中“基本”视图都是顶级视图，不能进行设置。其它视图都直接或间接继承于“基本”视图。在设置视图的继承关系时最好是同类设备之间继承。

3. 自适应视图的局限性

某些情况下，需要让一些部件在所有视图中都是相同的，但这并不适用于自适应视图。这些部件包括：菜单、树、流程图/连接线和表格。

10 APP 原型设计

Axure RP 软件除了可以设计网站原型外，还可以设计 APP 原型。如果对 Axure RP 前面的知识都掌握得十分好，并能顺序完成网站原型的设计，那么利用 Axure RP 制作 APP 原型将变得非常简单。

10.1 APP 原型模板

APP 原型模板是专门为设计 APP 原型而设置的 RP 文件，它包含一个专门用来查看设计效果的页面，由移动设备的“机身外壳”和“内部框架”组成，还有用来设计 APP 原型的辅助线和屏幕页。

iPhone APP 和 Andriod APP 原型模板都可以从网站上下载，也可以在 Axure RP 中自己设计制作。

10.1.1 制作 iPhone APP 原型模板

下面以制作适应 iPhone 5 尺寸的 APP 原型模板为例，具体操作如下。

(1)在“站点地图”中新增页面，调整页面顺序，并命名，如图 10-1 所示。

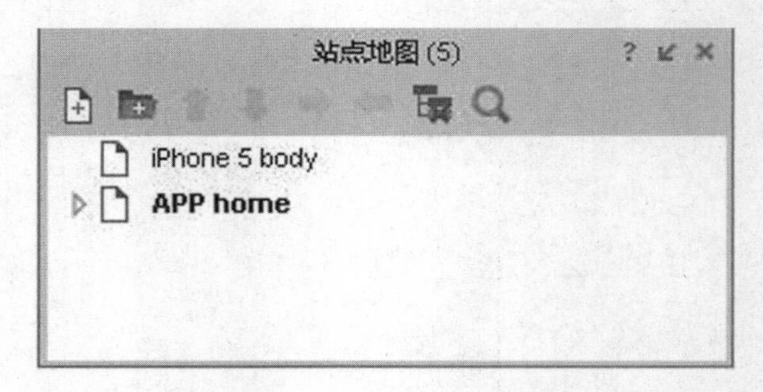

图 10-1　新增“机身页”

(2)在“站点地图”中双击“iPhone 5 body”进入 iPhone 5 机身页的编辑区。

(3)点击“部件面板”上的☰▾，在弹出的下拉菜单中选择“载入部件库”，找到“第 10 章”文件夹下的 iPhone - Bodies. rplib 部件导入 Axure RP 中。此时，Axure RP 部件库中将会出现如图 10-2 所示的“iPhone - Bodies 部件”。

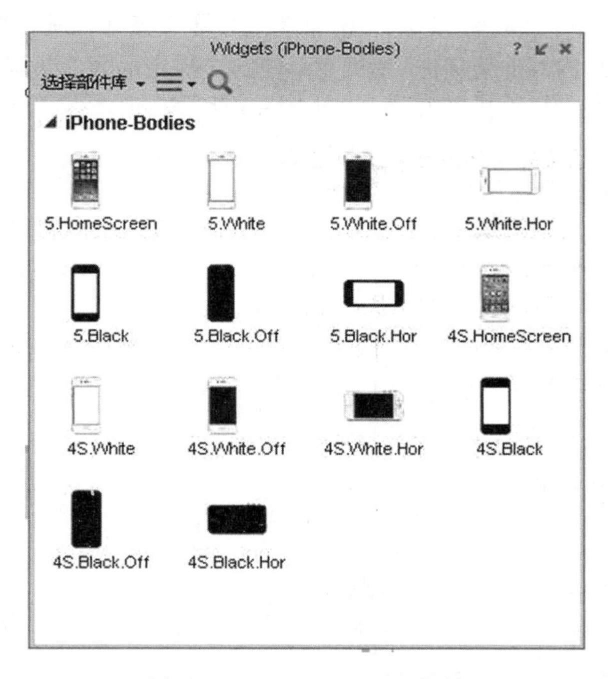

图 10－2　iPhone－Bodies 部件

（4）将"5. White 部件"拖动到页面编辑区，放置位置的 X 轴和 Y 轴均为 0，如图 10－3所示。

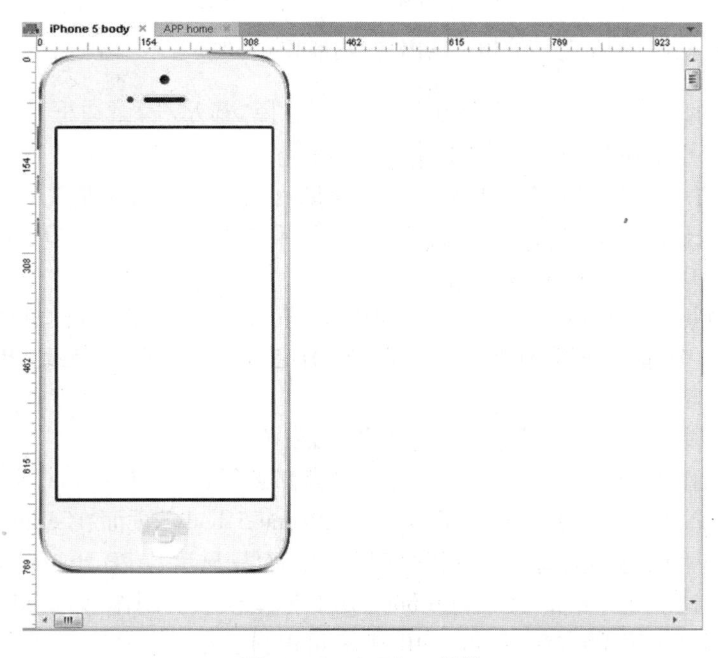

图 10－3　5. White 部件

(5)iphone 5 分辨率 640 像素 ×1136 像素，屏幕 4 英寸，所以原型分辨率 320 像素 ×568 像素。拖动"内部框架部件"到机身部件的屏幕显示区，并调整其尺寸为 320 像素 ×568 像素，并命名为"手机屏幕"，如图 10－4 所示。

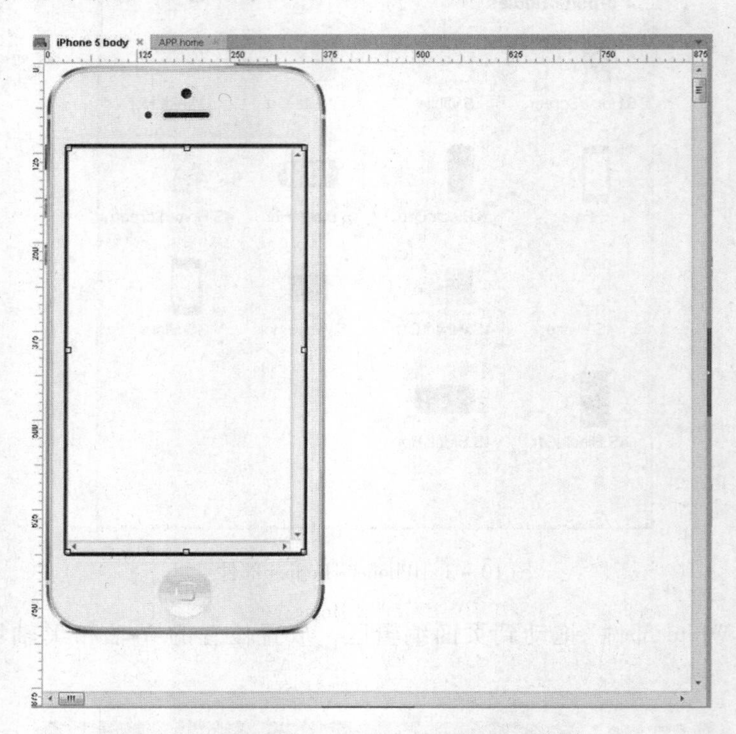

图 10－4　放置"内部框架部件"

(6)右击"内部框架部件"，在弹出的菜单中选择"显示/隐藏边框"将边框隐藏，再选择"滚动栏/从不显示横向和纵向滚动条"。

(7)双击"站点地图"中的"APP Home"页面进入编辑区，在该编辑区中拖入一个"占位符部件"(代表显示的页面内容)，设置"占位符部件"的大小为：320 像素 ×568 像素，X 轴和 Y 轴均为 0，如图 10－5 所示。

(8)返回"iPhone 5 body"页面，右击"框架部件"，选择"框架目标页面"，在弹出的"链接属性"窗口中选择"APP Home"页，点击"确定"返回编辑区。至此 iPhone 5 APP 原型模板就制作完毕了。

(9)保存，预览。在浏览器中的显示效果如图 10－6 所示。

原型模板制作完毕后，所有 APP 的页面内容都必须在"APP Home"页中进行设计与制作，通过"APP Home"页去链接其子页。而"iPhone 5 body"页面在 Axure RP 中能正常显示，当发布到手机时将被真实的手机外壳替代，而只显示"APP Home"页的内容。

上面制作了适应 iPhone 5 尺寸的 iPhone APP 原型模板。制作 Android APP 原型模板与 iPhone APP 原型模板的方法是一样的。大家可以自己动手制作。

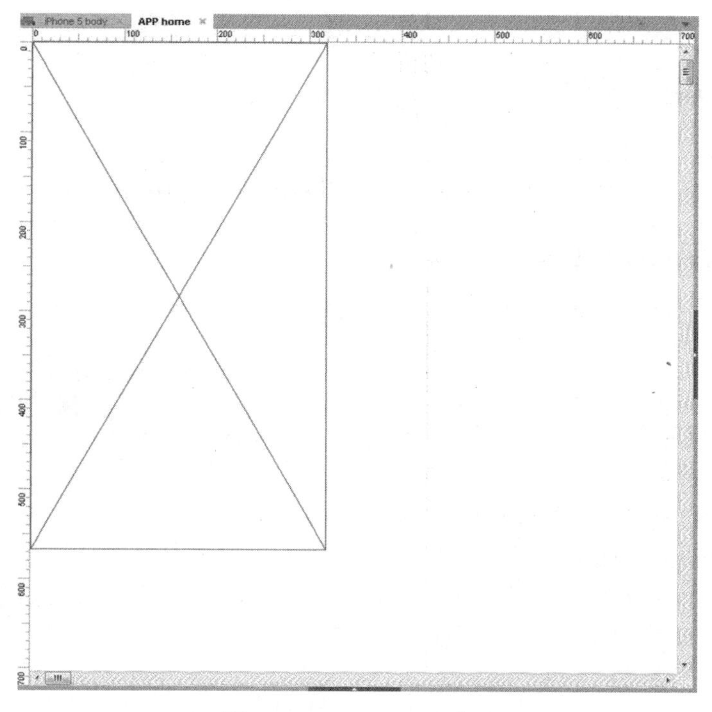

图 10 – 5　APP Home 页面

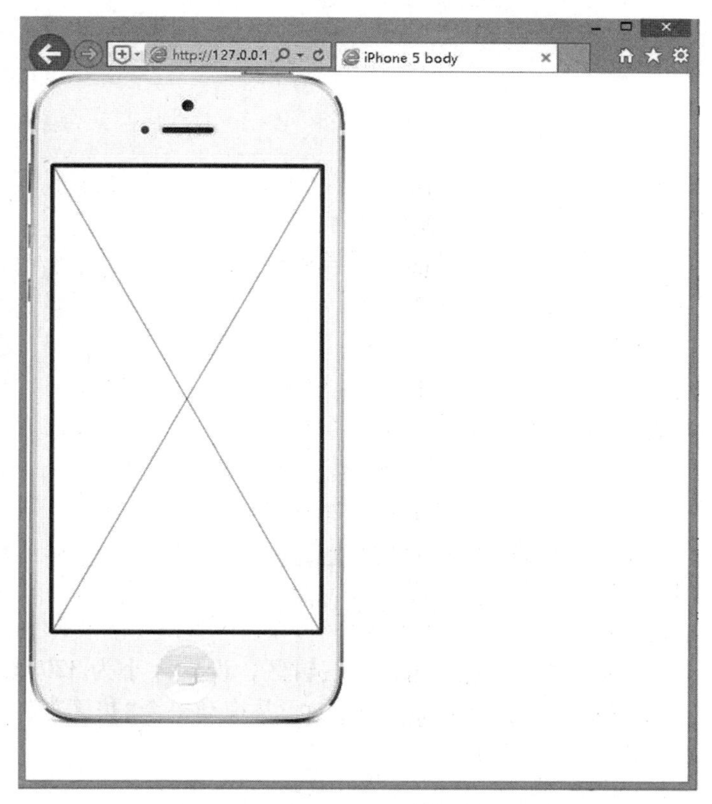

图 10 – 6　iPhone 5 APP 原型预览效果

10.2 制作 APP 原型

本节将以“微信”APP 为例，详细介绍利用 Axure RP 制作 APP 原型的过程。

10.2.1 机身和登录页的制作

(1)将“站点地图”修改为如图 10 -7 所示结构。

(2)按照 10.1.1 中制作 iPhone 5 APP 原型模板的方法，制作好本例的原型模板。修改“iPhone 5 机壳”页中“框架部件”链接的目标页为“登录页”。

图 10 -7 本例“站点地图”结构

(3)双击“登录页”进入编辑区，分别从尺标处拖动两条“辅助线”放到“占位符部件”的右边线和下边线上，然后把“占位符部件”删除。此处定义了 APP 页面的大小，如图 10 -8 所示。

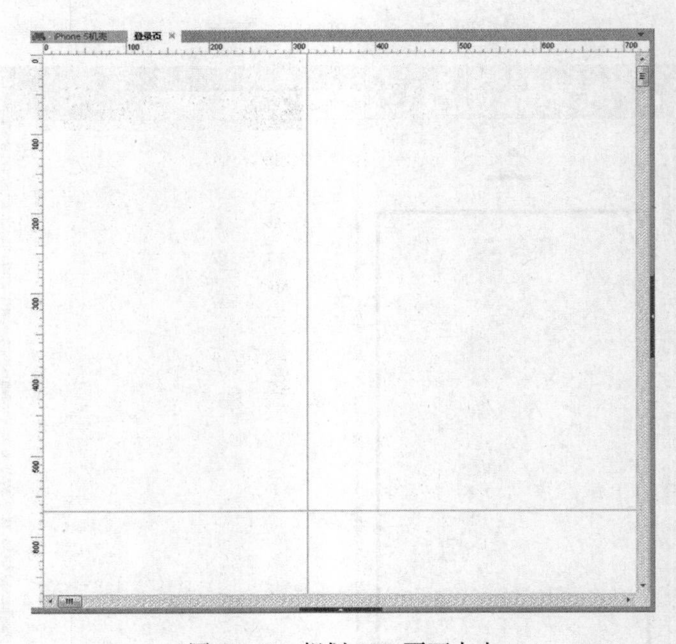

图 10 -8 规划 APP 页面大小

(4)拖动一个“图片部件”到“登录页”的编辑区，设置大小为 320 像素 ×568 像素，导入“第 10 章/图片/登录页”文件夹下的 u1. png，并拖动一个“热区部件”覆盖在图片的“登录”文字上面，如图 10 -9 所示。

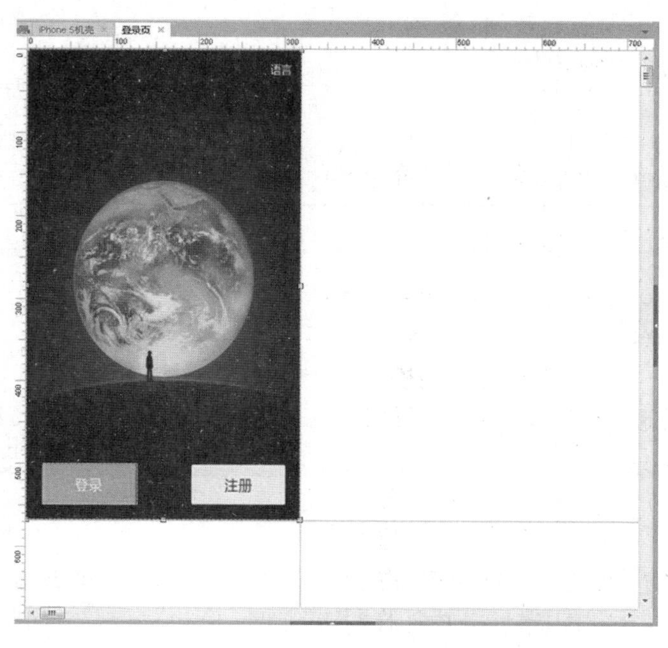

图 10－9　首页

（5）选中页面全用部件右击转换为“动态面板”。双击“动态面板”，在“动态面板状态管理”面板中命名为“登录界面”，并新建“状态 2”。

（6）双击“状态 2”进入动态面板“状态 2”的编辑区，拖动两条辅助线定义 320 像素 ×568 像素的区域大小。

（7）在动态面板“状态 2”的编辑区，根据图 10－10 所示，使用正确的部件制作出登录界面效果。

（8）选择界面上的两个“文本框部件”，分别命名为“输入用户名”和“输入密码”。

（9）拖动一个“文本部件”编辑区，“登录”按钮下方，输入“请输入手机号码”，设置红色、14 号、宋体。选择文本部件，命名为“提示信息”。右击该部件，选择“设为隐藏”。

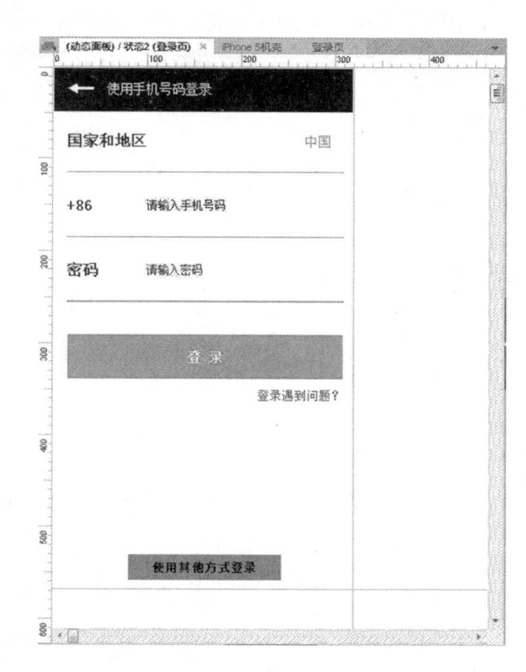

图 10－10　用户登录界面

（10）选择界面上的“登录”按钮，双击“部件交互和注释”面板下“交互”中的“鼠标单击时”。在打开的“用例编辑器”中点击“新增条件”按钮，按照图 10－11 进行条件的设置。

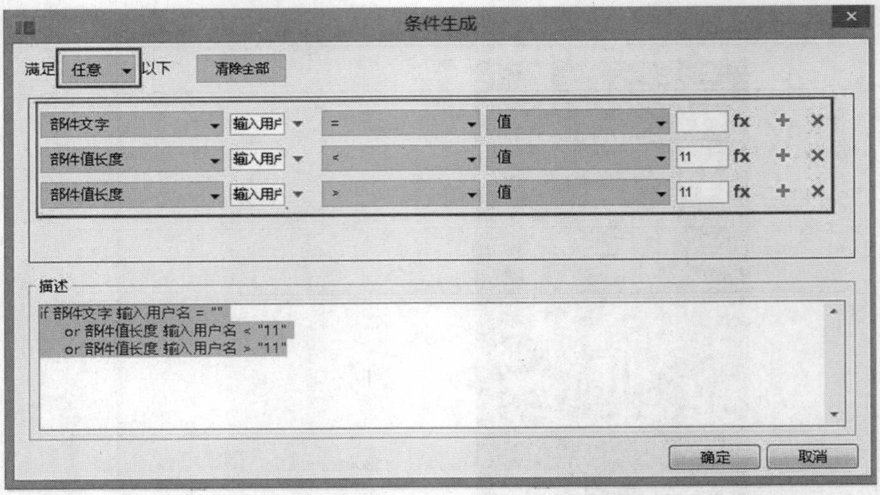

图 10－11　条件设置

(11)条件设置正确后返回“用例编辑器”窗口，在左栏“点击新增动作”中选择“部件/显示/隐藏”，右栏“配置动作”中选择“提示信息(形状)显示”，可见性选择“显示”，如图 10－12 所示。

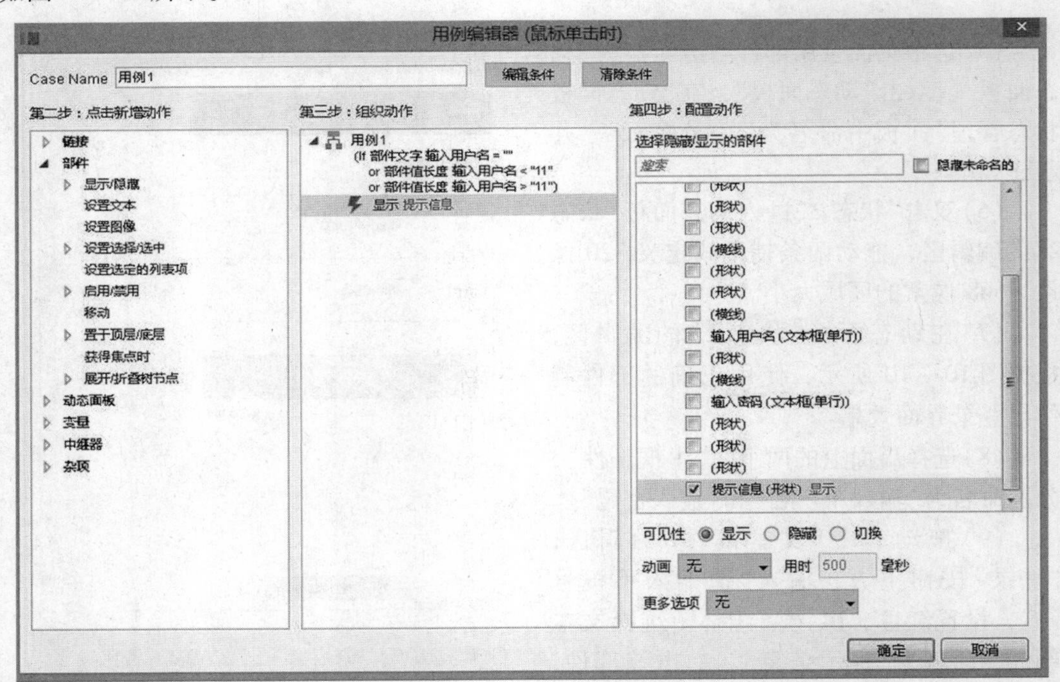

图 10－12　“登录”按钮的动作 1

(12)双击动态面板“状态 1”进入编辑区。选择“登录”文字上的“热区部件”，双击“部件交互和注释”下“交互”中的“鼠标单击时”。在“用例编辑器”左栏中选择“动态面板/设置动态面板状态”，右栏“配置动作”中选择“设置(动态面板)状态到状态 2”，“进入时动画”设为“向左滑动”，用时 500 毫秒，如图 10 - 13 所示。

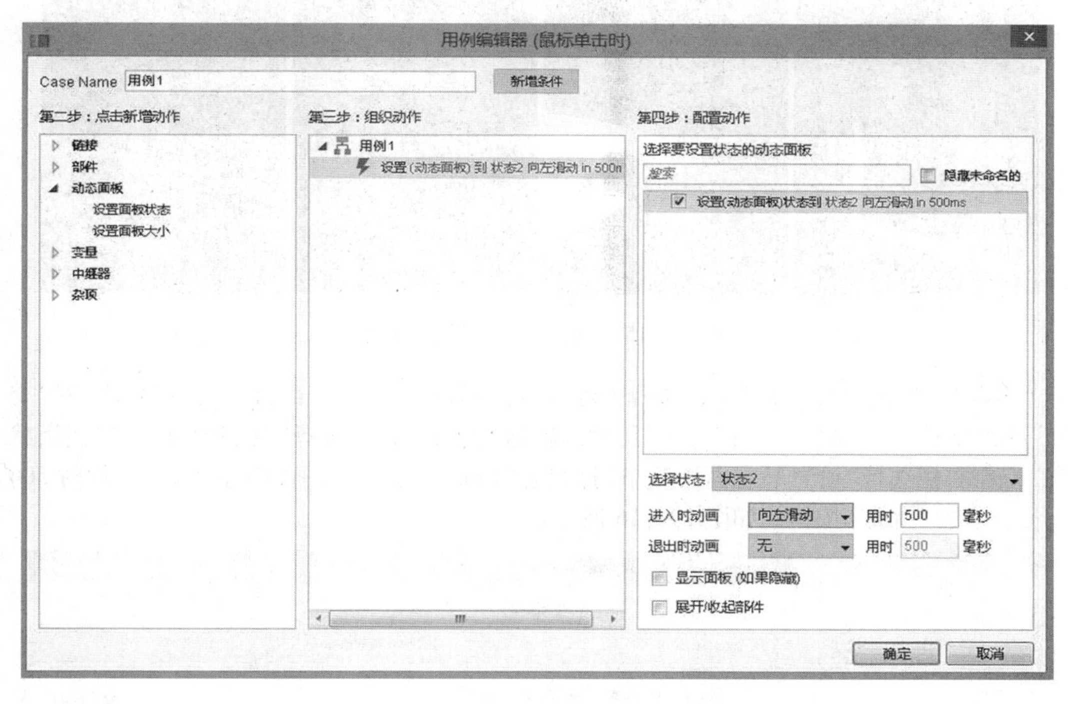

图 10 - 13　首页“登录”热区的动作

至此，机身及登录界面原型就完成了。下面将制作通过正确登录后进入“微信”内部。

10.2.2　过渡页的制作

(1)在“站点地图”面板中的“登录页”下创建一个“过渡页”子页面，如图 10 - 14 所示。

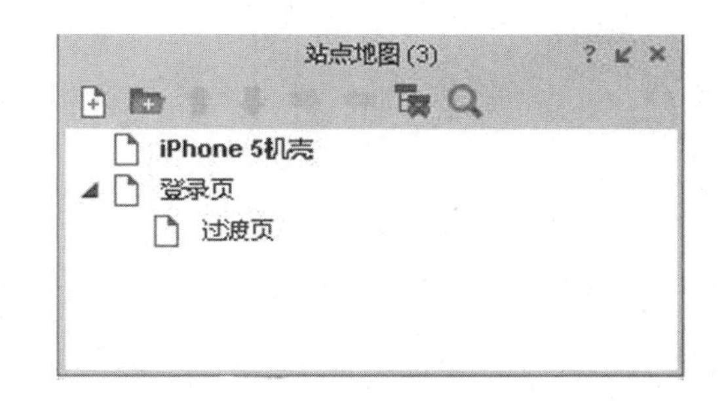

图 10 - 14　新建“过渡页”子页面

(2)双击“过渡页”进入页面编辑区。拖动一个“图片部件”到编辑区，设置 X 轴和 Y 轴为 0，宽度为 320 像素，高度为 568 像素。导入“第 10 章/图片/过渡效果”文件夹下的 u1. png。

(3)选择 u1. png 图片转换为“动态面板”。双击打开“动态面板状态管理”窗口，命名为“过渡页”；复制三个状态，分别是状态 2、状态 3、状态 4。编辑复制的 3 个状态，用“第 10 章/图片/过渡效果”文件夹下的 u3. png、u5. png、u7. png 替换原来的图片。“动态面板”中 4 个状态的界面分别如图 10 - 15 所示。

图 10－15 “过渡页”动态面板状态

(4)返回“过渡页”编辑区，选择“动态面板部件”，双击“部件交互和注释”下“交互”中的“向左滑动时”，在打开的“用例编辑器”窗口左栏下选择“动态面板/设置面板状态”，在右栏选择“设置动态面板”，选择状态“Next”，进入动画“向左滑动”，用时 500 毫秒，点击“确定”按钮，如图 10－16 所示。

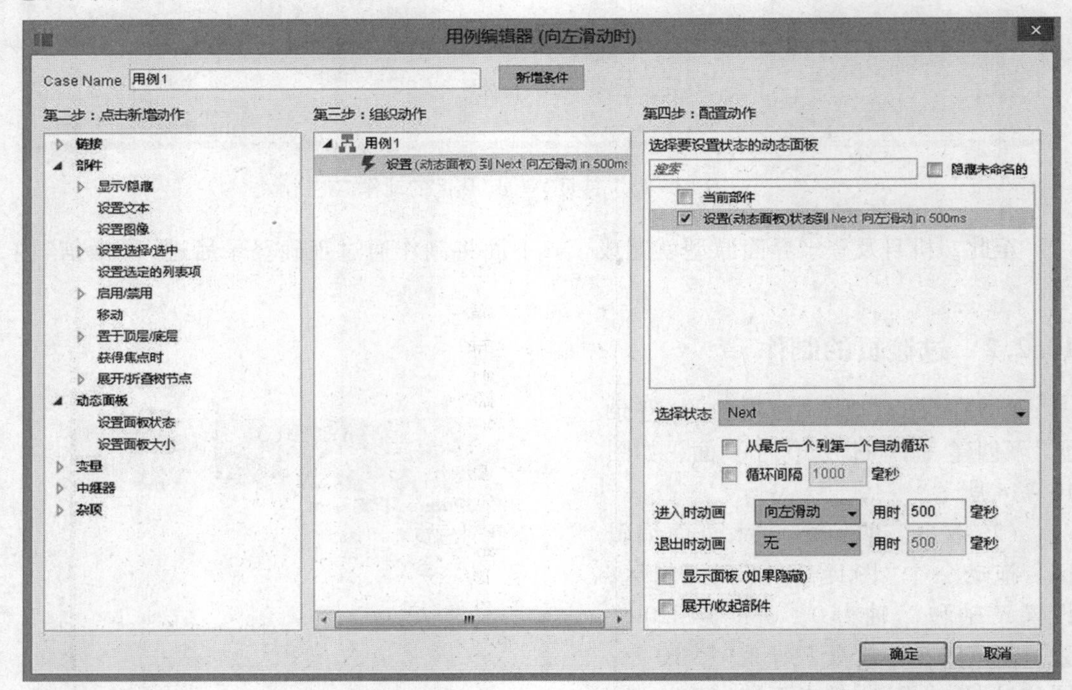

图 10－16 设置滑动图片效果

(5)返回“过渡页”编辑区，选择“动态面板部件”，双击“部件交互和注释”下“交互”中的“向右滑动时”，在打开的“用例编辑器”窗口左栏下选择“动态面板/设置面板状态”，在右栏选择“设置动态面板”，选择状态“Previous”，进入动画“向右滑动”，用时 500 毫秒。

(6)打开“登录界面”动态面板的状态2，再给“登录”按钮添加交互动作。

(7)选择“登录”按钮，双击“部件交互和注释”面板下“交互”中的“鼠标单击时”。

(8)在打开的“用例编辑器”窗口中点击“新增条件”，条件生成如图10－17所示。

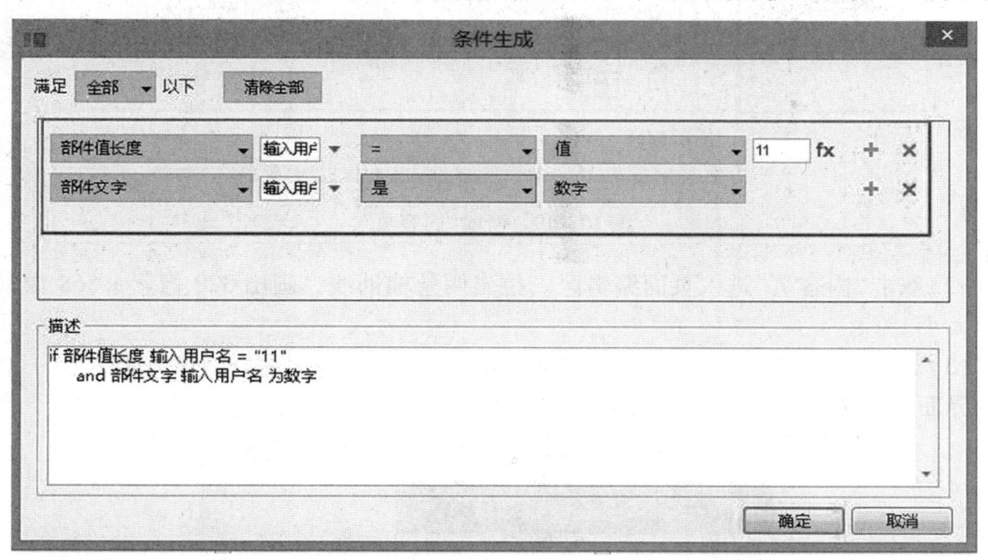

图10－17　条件生成

(9)设置好条件，点击“确定”按钮返回“用例编辑器”窗口。选择左栏下的“部件/显示/隐藏”，选择右栏下的“提示信息”，设置可见性：隐藏。再次选择左栏下的“链接/打开链接”，选择右栏下的“过渡页”，点击“确定”按钮。

(10)“登录”按钮添加的动作如图10－18所示。

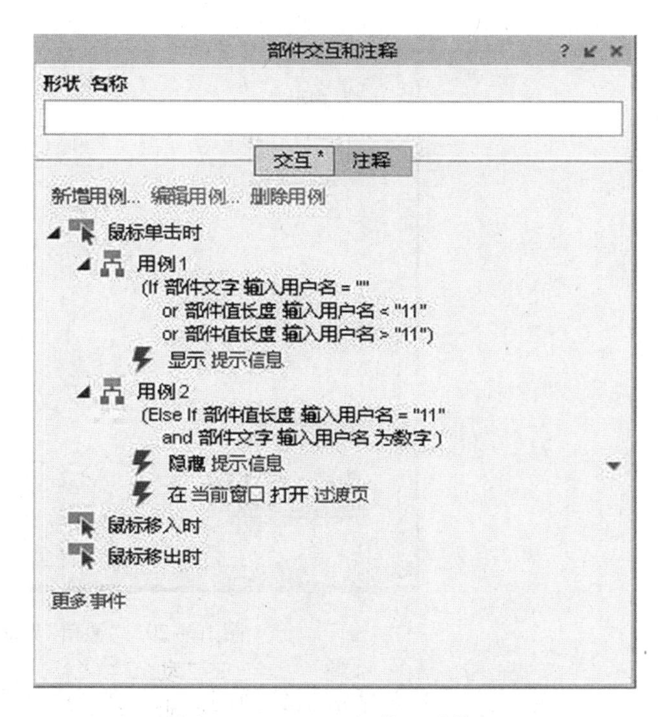

图10－18　“登录”按钮动作

至此，当正确输入11位手机号码，点击“登录”按钮就可以进入微信的过渡效果，过渡效果可以通过左右滑屏变化图片。

10.2.3　微信内部制作

(1)在“站点地图”面板中的“登录页”下再创建一个“内容页”子页面，如图10－19所示。

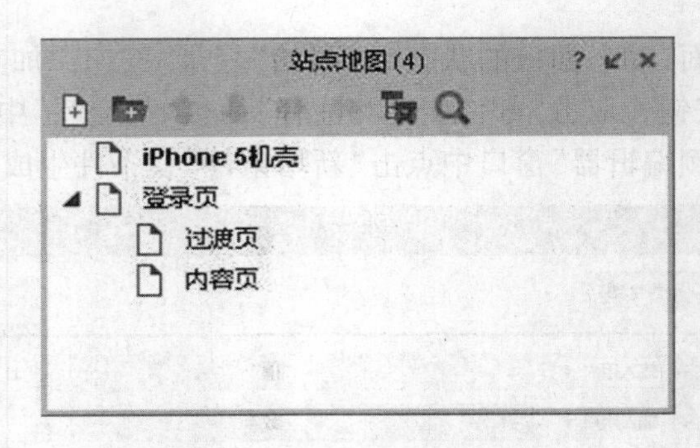

图 10－19　新建“内容页”

(2)双击“内容页”进入页面编辑区。拉出两条辅助线，画出 320 像素 ×568 像素的页面大小。

(3)分别拖动相应部件到编辑区，进行位置、大小的调整后，制作出如图 10－20 所示的界面原型。

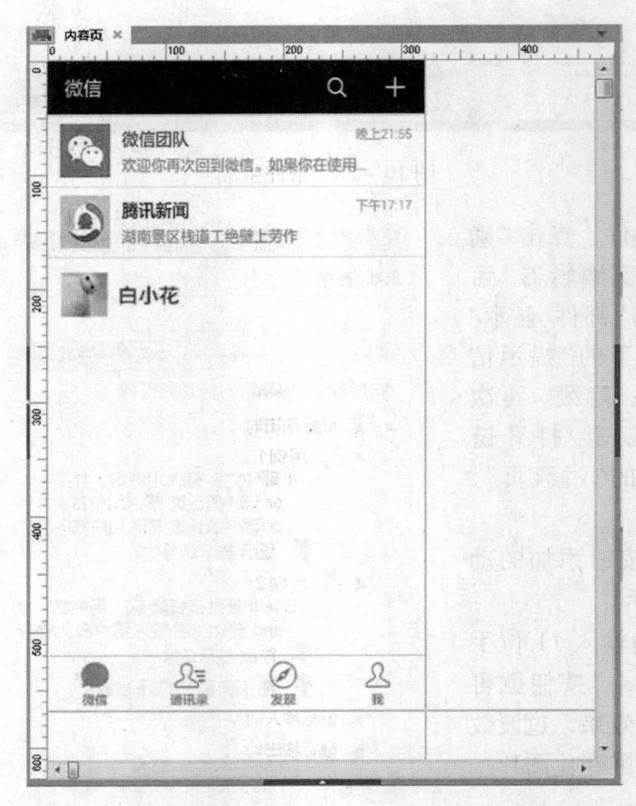

图 10－20　“微信”界面

(4)选择界面下方显示工具的图片，转换为“动态面板”，命名为“工具栏”。在该“工具栏动态面板”中再新建三个状态，分别导入“第 10 章/图片/微信”文件夹下的 u5. png，u6. png，u7. gif。

（5）“工具栏”动态面板的四个状态如图 10－21 所示。

图 10－21 “工具栏”动态面板状态

（6）选择“微信团队、腾讯新闻、白小花”内容界面，转换为“动态面板”，并命名为“微信界面”。对应“工具栏”的四个图标，在该动态面板也必须包含 4 个状态。新建状态 2、状态 3、状态 4，状态界面分别如图 10－22 ～图 10－24 所示。

图 10－22 “微信界面”动态面板状态 2

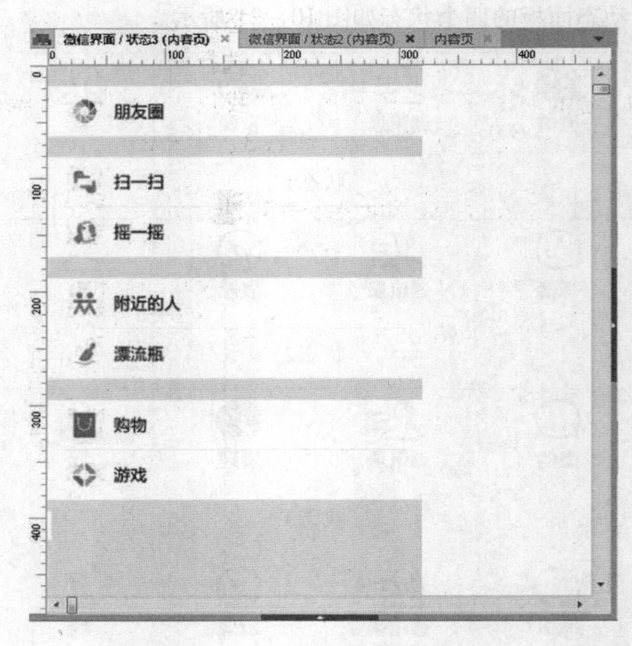

图 10－23 “微信界面”动态面板状态 3

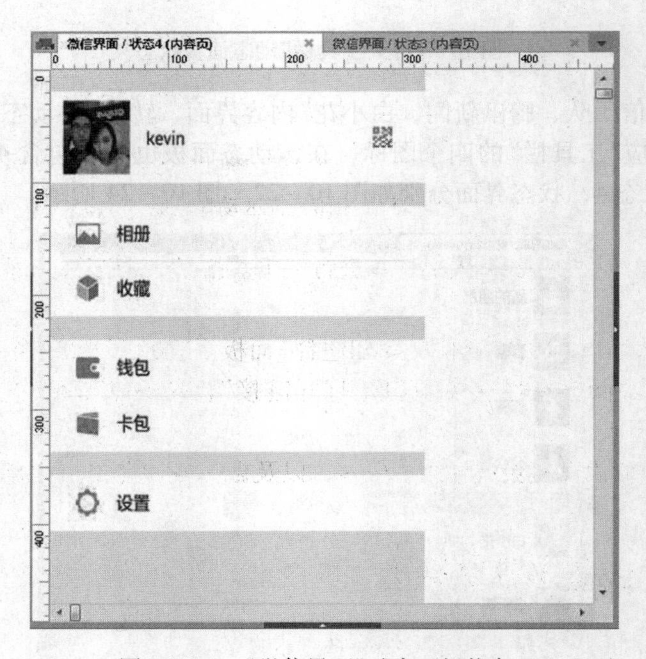

图 10－24 “微信界面”动态面板状态 4

(7)返回“内容页”页面编辑区，分别拖动四个“热区部件”覆盖在“工具栏动态面板”的“微信”“通讯录”“发现”“我”四个文字内容上。

(8)选择“微信热区”，双击“部件交互和注释”面板下“交互”中的“鼠标单击时”。

(9)在打开的“用例编辑器”窗口左栏选择“动态面板/设置动态面板”，右栏选择“微信界面”，选择状态为状态1；再选择“工具栏”，选择状态为状态1，如图10－25所示。

(10)分别选择“通讯录热区”“发现热区”和“我热区”，按照步骤(9)中的方式分别设计对应的两个“动态面板”状态为状态2、状态3、状态4。

图10－25 “微信”热区动作设置

(11)打开“过渡页”动态面板状态4进行编辑。拖动一个“热区”覆盖在图片的“微信6.1”文字上。

(12)选择“热区”，双击“部件交互和注释”面板下“交互”中的“鼠标单击时”，在打开的“用例编辑器”窗口左栏选择“链接/打开链接”，在右栏选择“内容页”，点击“确定”按钮。

至此，从“过渡页”链接到“微信”内容，以及微信各功能内容的显示就制作完成了。

10.3 在移动设备中预览原型

APP原型制作好后，可以通过手机来查看设计，获取最真实的用户体验。当然，首先要到AxShare申请一个账号并上传原型。

10.3.1 AxShare 概述

AxShare 是 Axure RP 官方推出的云托管解决方案，提供了与他人分离 Axure RP 原型的简单方法，包括团队或客户。Axure RP 共享也可以把原型转换为自定义的站点，可以对站点进行自定义标题、支持 SEO 和更多。

AxShare 是免费的，允许上传大小在 100MB 以内的 1000 个项目。

1. 注册

在浏览器中输入 http：//share. axure rp. com，将打开如图 10－26 所示的注册界面。在该界面分别输入“注册邮箱”和“密码”，点击“SIGN UP”按钮。“注册”界面将直接登录进入 AxShare 的操作界面。

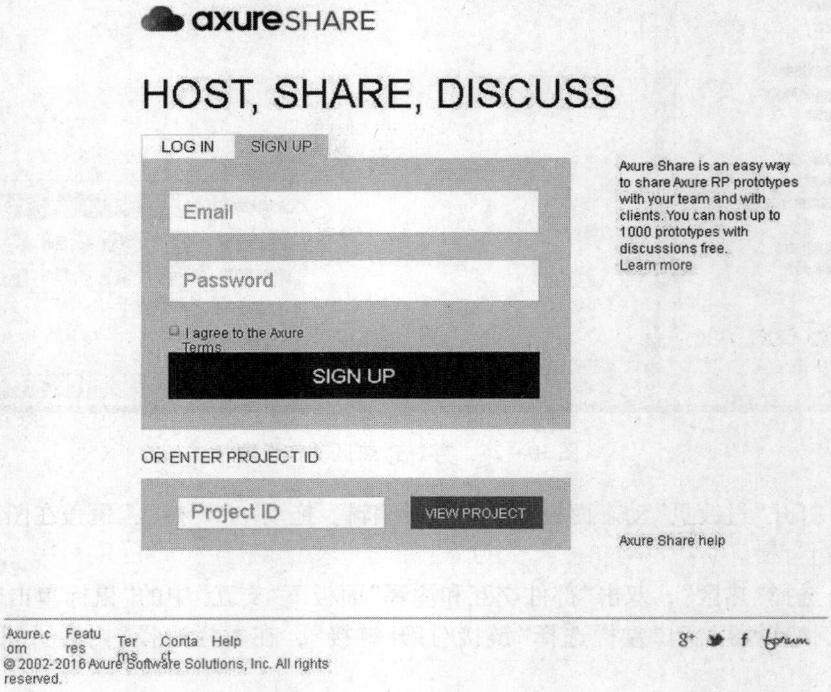

图 10－26 AxShare 注册界面

2. 登录

在浏览器中输入 http：//share. axure rp. com，将打开如图 10－27 所示的登录界面。在该界面分别输入注册时设置的邮箱和密码，点击“LOG IN”按钮完成登录。

3. 我的项目

登录 AxShare 之后，首先看到的是“My Projects”区域。在这里，可以找到之前上传过的项目，并且可以创建新项目、文件夹，分享文件夹，移动、删除和重命名项目与文件夹，还可以快速复制项目，如图 10－28 所示。

axureSHARE

HOST, SHARE, DISCUSS

LOG IN SIGN UP

Email

Password

Keep me signed in

LOG IN

Forgot password?

OR ENTER PROJECT ID

Project ID VIEW PROJECT

Axure Share is an easy way to share Axure RP prototypes with your team and with clients. You can host up to 1000 prototypes with discussions free.
Learn more

Axure Share help

图 10－27　AxShare 登录界面

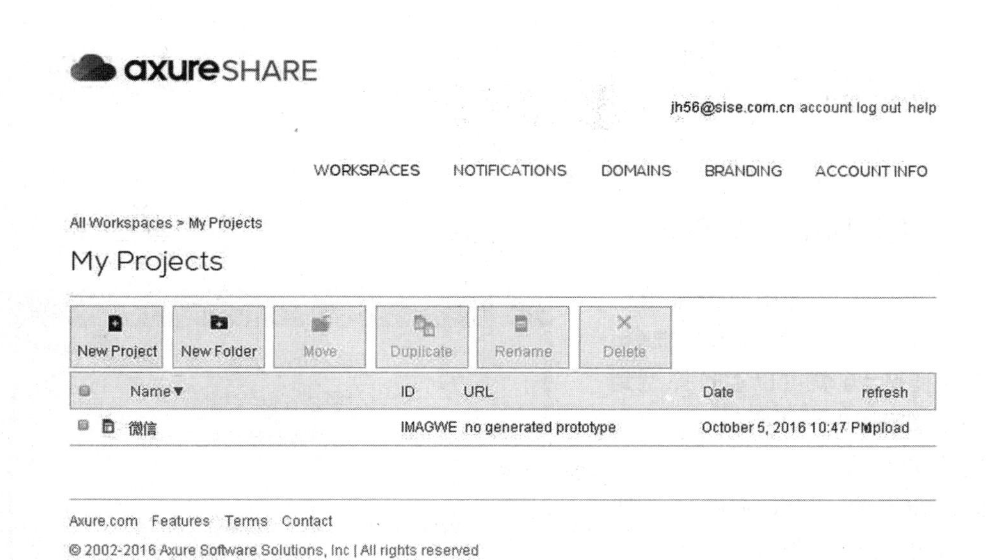

图 10－28　My Projects

4. 项目设置

在项目列表区点击某项目名称，可以打开该项目概述。可以给项目重命名、分配自定义域名、上传 RP 文件和修改项目的密码，如图 10－29 所示。

axureSHARE

jh56@sise.com.cn account log out help

WORKSPACES NOTIFICATIONS DOMAINS BRANDING ACCOUNT INFO

All Workspaces > My Projects

微信

http://imagwe.axshare.com

OVERVIEW DISCUSSIONS PLUGINS PRETTY URLS REDIRECTS

Name

微信 rename project

URL

http://imagwe.axshare.com assign custom domain

RP File

微信.rp upload RP file

Password

yes (clear) view/change password

Generation Date

October 5, 2016 10:53 PM

Axure.com Features Terms Contact

© 2002-2016 Axure Software Solutions, Inc | All rights reserved

图 10－29 项目概述

10.3.2 上传原型到 AxShare

在 Axure RP 软件中点击菜单栏中的“发布/发布到 AxShare”命令，或者按快捷键 F6 就可以上传原型到 AxShare，如图 10－30 所示。

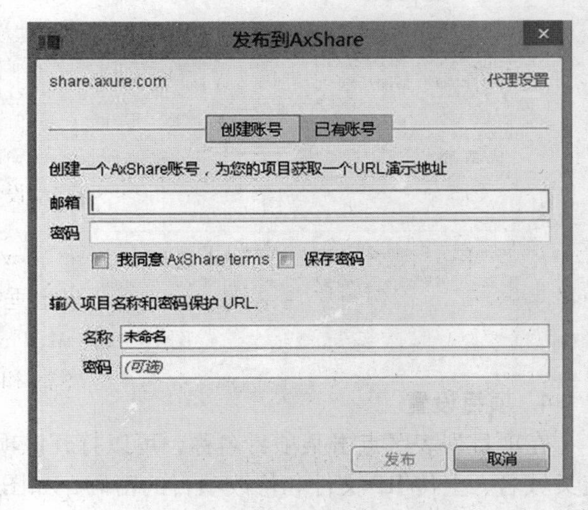

图 10－30 发布到 AxShare 窗口

1. 创建账号

如果没有在 AxShare 网址注册账户，就可以通过“发布到 AxShare”窗口的“创建账号”选项输入邮箱、密码来创建 AxShare 账户。

(1) 邮箱：输入创建账户的邮箱地址。

(2) 密码：输入登录使用的密码。

(3)输入项目名称和密码保护：上传原型的名称。如果想上传一个私有项目，可以设置项目密码。

2. 已有账号

输入已经在 AxShare 网上注册的邮箱密码。可以选择创建一个新项目还是替换一个已有项目。当原型上传完毕后，复制提示框的 URL，在浏览器中即可浏览制作的原型。

10.3.3 在 iPhone 中预览原型

打开制作好的“微信”APP 原型。点击菜单栏中的“发布/在 HTML 文件中重新生成当前页面”命令，在弹出的生成 HTML 对话框左侧，选择“手机/移动设备”，如图 10－31所示。

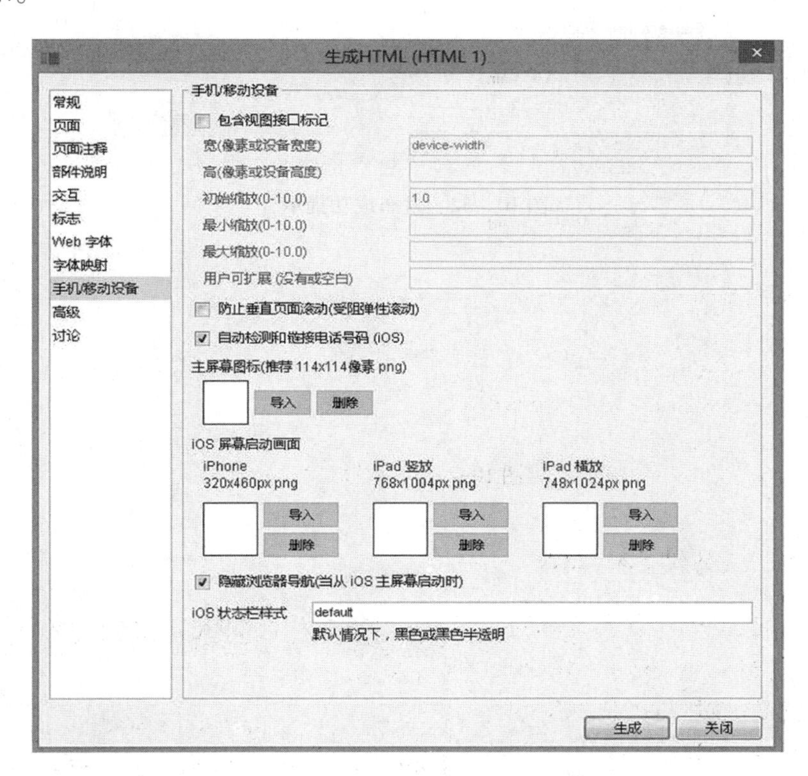

图 10－31 “手机/移动设备”预览设置

勾选“包含视图接口标记”，设置“宽”为“devic－width”，初始缩放为“1.0”，最大缩放为“1.0”，用户可扩展为“no”；勾选“防止垂直页面滚动”；勾选“自动检测和链接电话号码”(按需求勾选)。

此外，还可以给 APP 原型添加主屏幕图标和 APP 启动画面。设置完成后点击“生成”按钮。

点击菜单栏中的“发布/发布到 AxShare”命令，在弹出对话框中点击已有账号并输入自己的 AxShare 用户名和密码。创建一个新项目，也可以选择替换已经有的项目，点击“发布”按钮。

发布成功后，可以看到提示，如图 10－32 所示。复制 RUL 链接在手机浏览器中就可以显示原型。

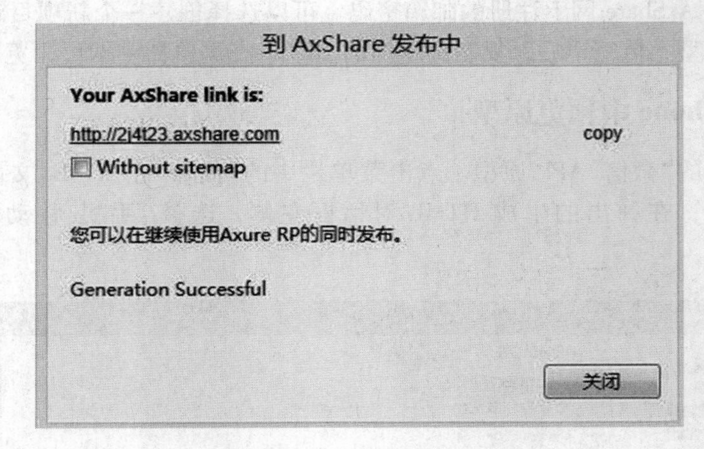

图 10－32　发布成功提示

附录　外包在网站设计与APP设计行业的应用

1.1　服务外包的定义及种类

1.1.1　外包的定义

外包是指企业将一些其认为是非核心的、次要的或辅助性的功能或业务外包给企业外部可以高度信任的专业服务机构，利用它们的专长和优势来提高企业整体的效率和竞争力，而自身则仅专注于那些核心的、主要的功能或业务。

外包是企业的一种经营战略，是企业在内部资源有限的情况下，为取得更大的竞争优势，仅保留最具竞争优势的功能，而其它功能则借助于资源整合，利用外部最优秀的资源予以实现。服务外包使企业内部最具竞争力的资源和外部最优秀的资源结合，产生巨大的协同效应，最大限度地发挥企业自有资源的效率，获得竞争优势，提高对环境变化的适应能力。

外包是经典的（比较优势理论）的最新实践，是经济发展的必由之路。作为一种经济活动和经营方式，很早就被运用于企业的生产经营之中。

简单来说，外包就是做自己最擅长的工作，将不擅长做的工作（尤其是非核心业务）剥离，交给更专业的组织去完成。

1.1.2　外包的种类

从内容上来看，外包可以分为生产外包和服务外包。

1. 生产外包

生产外包，又称制造外包，习惯上称为“代工”，是指客户将本来是在内部完成的生产制造活动、职能或流程交给企业外部的另一方来完成。

生产外包是企业内部以外加工方式将生产委托给外部优秀的专业化资源机构完成，达到降低成本、分散风险、提高效率、增强竞争力的目的，通常是将一些传统上由企业内部人员负责的非核心业务或加工方式外包给专业的、高效的服务提供商，以充分利用公司外部最优秀的专业化资源，从而降低成本、提高效率、增强自身竞争力的一种管理策略。

2. 服务外包

服务外包是以IT作为交付基础的服务，服务的成果通常是通过互联网交付与互动广泛应用于IT服务、人力资源管理、金融、会计、客户服务、研发、产品设计等众多领域。服务层次不断提高，服务附加值也明显增大。根据美国邓白氏公司的调查在全球的企业外包领域中，扩张最快的是IT服务、人力资源管理、媒体公关管理、客户服务、市场营销。

服务外包的发展，是紧密伴随着生产制造过程产生的。例如，企业在生产制造前的市场调研、产品设计，生产过程中的生产、物流、库存管理，产品售后的客户服务等都可以外包给专业的公司来完成，这都属于服务外包。

1.2 服务外包的定义与范围

1.2.1 服务外包的定义

关于服务外包的定义，目前国内外有不同的观点。

2006年，中国商务部《关于实施服务外包“千百十工程”的通知》中指出：“服务外包业务”系指服务外包企业向客户提供的信息技术外包服务(ITO)和业务流程外包服务(BPO)；“国际(离岸)服务外包”系指服务外包企业向国外或我国港、澳、台地区客户提供服务外包业务；“服务外包企业”系指根据其与服务外包发包商签订的中长期合同向客户提供服务外包业务的服务外包提供商。

离岸、在岸的界定如附图1-1所示(以发包方为在中国内地的企业为例)。

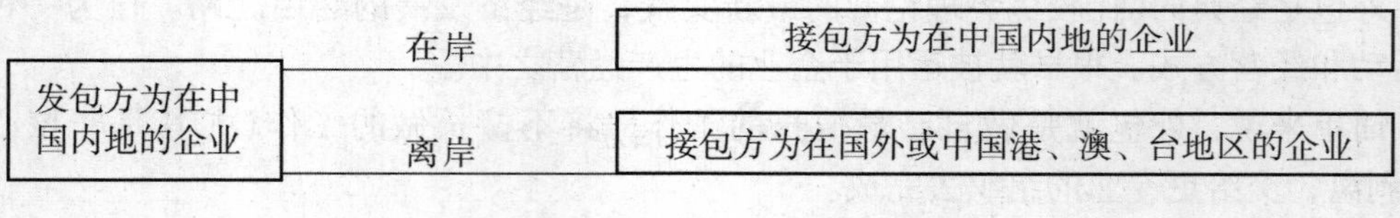

附图1-1 离岸、在岸的界定

作为全球服务外包接包业务发展最快的国家之一，印度先后使用了两个词汇对应于“outsourcing”一词，分别是IT-ITES(2006年之前)和IT-BP(2007年后)。IT-ITES(Information Technology Enabled Servieces)，定义为一种以IT作为交付基础的服务，服务的成果通常是通过互联网交付。

美国高德纳咨询公司按最终用户与IT服务提供商所使用的主要购买方法将IT服务市场分为离散式服务和外包(服务外包)。服务外包又分为IT外包(ITO)和业务流程外包(BPO)。

附图1-2为服务外包定义解析图。

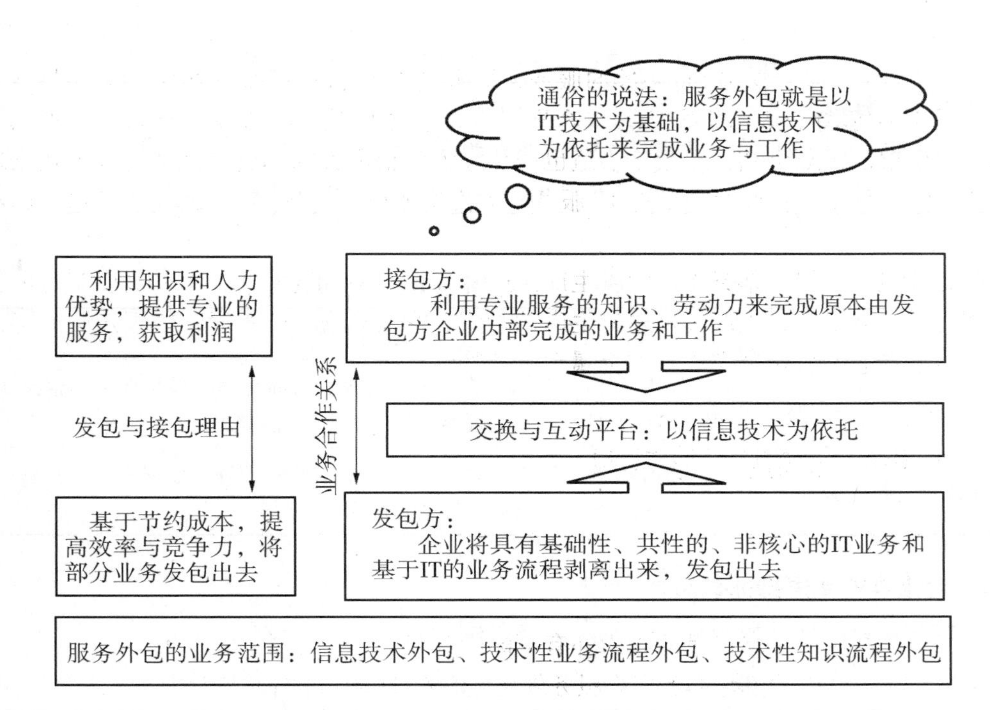

附图 1－2　服务外包定义解析图

1.2.2　服务外包业务范围

2006 年财政部、国家税务总局、商务部、科技部、国家发展改革委员会联合发布的《关于技术先进型服务企业有关税收政策问题的通知》（财税〔2010〕65 号）中指出了技术先进型服务外包业务及适用范围，如附表 1－1 ～附表 1－5 所示。

1. 信息技术外包服务

信息技术外包服务包括软件研发及外包、信息技术研发服务外包、信息系统运营维护外包，如附表 1－1 ～附表 1－3 所示。

附表 1－1　软件研发及外包类别与适用范围

类　别	适用范围
软件研发及开发服务	用于金融、政府、教育、制造业、零售、服务、能源、物流和交通、媒体、电信、公共事业和医疗卫生等行业，为用户的运营/生产/供应链/客户关系/人力资源和财务管理、计算机辅助设计/工程等业务进行开发，包括定制软件开发、嵌入式软件、套装软件开发、系统软件开发、软件测试等
软件技术服务	软件咨询、维护、培训、测试等技术性服务

附表1－2　信息技术研发服务外包类别与适用范围

类　别	适用范围
集成电路和电子电路设计	集成电路和电子电路产品设计以及相关技术支持服务等
测试平台	为软件、集成电路和电子电路的开发运用提供测试平台

附表1－3　信息系统运营外包类别与适用范围

类　别	适用范围
信息系统运营和维护服务	客户内部信息系统集成、网络管理、桌面管理与维护服务；信息工程、地理信息系统、远程维护等信息系统应用服务
基础信息技术服务	基础信息技术管理平台整合、IT基础设施管理、数据中心、托管中心、安全服务、通信服务等基础信息技术服务

2. 技术性业务流程外包服务

技术性业务流程外包服务的类别及适用范围如附表1－4所示。

附表1－4　技术性业务流程外包类别与适用范围

类　别	适用范围
企业业务流程设计服务	为客户企业提供内部管理、业务运作等流程设计服务
企业内部管理服务	为客户企业提供后台管理、人力资源管理、财务、审计与税务管理、金融支付服务、医疗数据及其它内部管理业务的数据分析、数据挖掘、数据管理、数据使用的服务；承接客户专业数据处理、分析和整合服务
企业运营服务	为客户企业提供技术研发服务，为企业经营、销售、产品售后服务提供的应用客户分析、数据库管理等服务。主要包括金融服务业务、政务与教育业务、制造业务和生命科学、零售和批发与运输业务、卫生保健业务、通信与公共事业业务、呼叫中心、电子商务平台等
企业供应链管理服务	为客户提供采购、物流的整体方案设计及数据库服务

3. 技术性知识流程外包服务

技术性知识流程外包服务的类别与适用范围如附表1－5所示。

附表1－5　技术知识流程外包类别与适用范围

类　别	适用范围
技术性知识流程外包服务	知识产权研究、医药和生物技术研发和测试、产品技术研发、工业设计、分析学和数据挖掘、动漫及网游设计研发、教育课件研发、工程设计等领域

1.3 网站外包

电子商务时代，网络营销蓬勃发展，越来越多的企业选择建立自己的企业网站，一方面可以进行产品的推广，另一方面可以进行企业的形象宣传。但网站设计和网站维护都需要一定的人力和物力，更多的企业选择了网站建设外包给第三方服务商。

网站外包服务形式包括网站建设外包、网站项目外包、网站策划外包、网站维护外包、网页修改外包、网站开发外包、网站推广外包、网站托管等。

选择网站外包方时要注意以下几点：

1. 网站建设公司的资质考察

要选定一个网站建设公司，对它进行实地考察。对一个网站建设公司的考察，必须对其以前的网站建设案例进行查看，并且注意不是简单地对网站截图查看，而是要对实际的网站进行考察。是否拥有大量稳定的客户群，也是考察需要考虑的要素之一。

企业选择网站建设公司，该公司一定要具有丰富的网络营销经验，能对你的网站进行有效的推广并产生效益。网站的每一项工作都是围绕利益展开的，建网站不是目的，网站建设能给企业带来利益才是最重要的。

2. 网站建设阶段，网站建设公司应该有详细的网站设计方案

对网站的相关问题进行调研后要给出合理方案，网站建设之初这个阶段很重要，它要对以后可能出现的问题进行一个展望和解除，使网站建设之初把所有的问题尽量排除，并给出一个合理的网站建设方案。

网站建设之后，要了解网站建设公司能否提供后期的维护，包括服务器空间的故障排除，网站数据的保护，后期网站故障的处理。一个良好的网站建设公司，应该对其服务的客户网站负责维护。

网站建设流程都完成以后，网站即基本落成。接下来是网站验收，验收合格后，网站外包会把网站相关程序文件上传到服务器，网站即可正式运营。

1.4 APP 开发外包

1.4.1 APP 外包流程

在互联网 + 的浪潮下，各个行业都把目光放在移动 APP 应用上，以获取潜在客户、转型，进而获得长远的发展。因此手机 APP 开发成为实现商业目标策略的一部分。

然而，并不是每个企业都有自己专业的开发团队。有些企业，对于能有适合自己企业的 APP，甚至仅仅局限于一个构想。当企业没有自己的开发团队，或者说自己的开发团队并不能完成这个任务时，一个解决办法就是把这个APP开发外包出去，给予适当的薪金和报酬，让其他开发团队根据自己的要求进行开发，这就是我们所说的APP开发外包。

在APP开发外包过程中，一般遵循如附图1-3所示的流程。

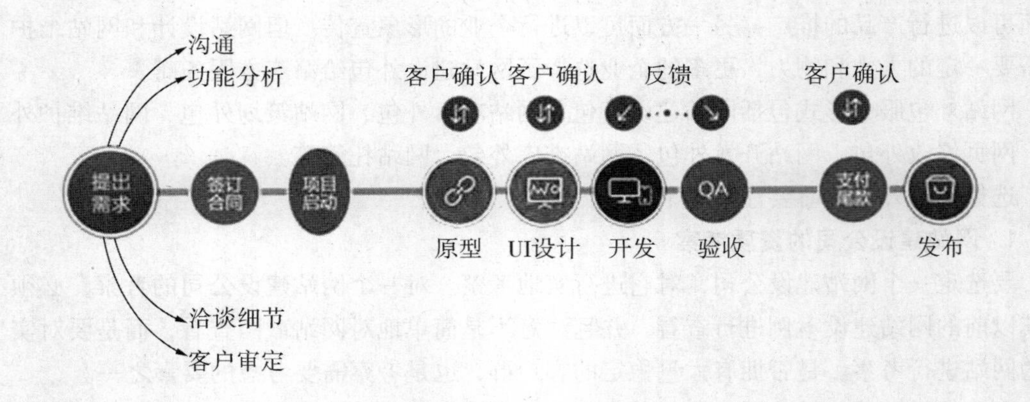

附图1-3 APP外包流程

这个流程可以说跟其它流程差不多，特别是签订合同，也是跟随潮流一般直接首付，之后有免费维护期。

1. 整体外包和部分外包

APP整体外包相对于部分外包来说优点多很多。除了价格适当贵一点外，其它的基本上都是有益于APP开发。例如，当不同的团队合作开发同一款APP时，会出现沟通问题、团队间的利益冲突问题、磨合问题等很多不可预期的问题。因此，建议如果想要APP外包，那么尽量外包给同一个团队。

2. 明确功能需求

功能需求的描述很重要，只有当APP开发承包商完全了解你所想要的APP的所有实现功能时，才能开发出令你满意的APP。功能需求描述上存在的偏差也会直接导致APP不能达到预期，甚至是项目的失败。而在这个过程中，项目经理是重中之重的角色，如果项目经理需求分析不够清晰和明确，那么，就会导致APP开发者疑惑甚至是误解，导致项目延期或失败。

3. 功能点要明确

在APP开发过程中，企业往往会有很多除去主要功能，增加其它衍生功能的想法。这必须跟APP开发承包商说清楚，特别是安全防护问题或者一些拓展性的问题，千万不要在合同签订之后再提出来，否则会额外增加费用，还有可能被坐地起价。

1.4.2 选择APP开发外包公司

选择靠谱的APP开发外包公司，是APP开发外包项目成功与否的关键。那么如何选择 APP 开发外包公司呢?

(1)根据自己公司规模和实力大小选择公司、团队或者个人。

(2)比较大型的企业做 APP 外包就一定要选择优质的 APP 开发服务商。

(3)好的想法是一款 APP 成功的基础，但是，如果开发的 APP 没办法吸引用户、没办法推广出去，那只能宣告失败。一家好的 APP 开发外包公司，必定会有一体化的解决方案，有自己独特的 APP 推广途径。

参考文献

[1] 刘刚. 原型设计大师：Axure RP 网站与 APP 设计从入门到精通［M］. 北京：电子工业出版社，2015.

[2] 小楼一夜听春语. Axure RP 7.0 从入门到精通 Web + APP 产品经理原型设计［M］. 北京：人民邮电出版社，2016.

[3] 金乌. Axure RP 7.0 网站和 APP 原型制作从入门到精通［M］. 北京：人民邮电出版社，2016.

[4] 吕皓月. APP 蓝图——Axure RP 7.0 移动互联网产品原型设计［M］. 北京：清华大学出版社，2015.